T0209688

essentials

essentials liefern aktuelles Wissen in konzentrierter Form. Die Essenz dessen, worauf es als „State-of-the-Art" in der gegenwärtigen Fachdiskussion oder in der Praxis ankommt. *essentials* informieren schnell, unkompliziert und verständlich

- als Einführung in ein aktuelles Thema aus Ihrem Fachgebiet
- als Einstieg in ein für Sie noch unbekanntes Themenfeld
- als Einblick, um zum Thema mitreden zu können

Die Bücher in elektronischer und gedruckter Form bringen das Fachwissen von Springerautor*innen kompakt zur Darstellung. Sie sind besonders für die Nutzung als eBook auf Tablet-PCs, eBook-Readern und Smartphones geeignet. *essentials* sind Wissensbausteine aus den Wirtschafts-, Sozial- und Geisteswissenschaften, aus Technik und Naturwissenschaften sowie aus Medizin, Psychologie und Gesundheitsberufen. Von renommierten Autor*innen aller Springer-Verlagsmarken.

Weitere Bände in der Reihe http://www.springer.com/series/13088

Bernd Luderer

Formeln und Begriffe der Analysis

Für Studierende der Ingenieurwissenschaften

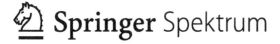 Springer Spektrum

Bernd Luderer
Fakultät für Mathematik
TU Chemnitz
Chemnitz, Deutschland

ISSN 2197-6708 ISSN 2197-6716 (electronic)
essentials
ISBN 978-3-658-33689-9 ISBN 978-3-658-33690-5 (eBook)
https://doi.org/10.1007/978-3-658-33690-5

Die Deutsche Nationalbibliothek verzeichnet diese Publikation in der Deutschen Nationalbiblio-
grafie; detaillierte bibliografische Daten sind im Internet über http://dnb.d-nb.de abrufbar.

Planung/Lektorat: Iris Ruhmann
Springer Spektrum ist ein Imprint der eingetragenen Gesellschaft Springer Fachmedien Wiesbaden
GmbH und ist ein Teil von Springer Nature.
Die Anschrift der Gesellschaft ist: Abraham-Lincoln-Str. 46, 65189 Wiesbaden, Germany

Was Sie in diesem *essential* finden können

- Übersichtliche Darstellung der wichtigsten mathematischen Grundbegriffe und Formeln der Analysis.
- Detaillierte Beschreibung von Funktionen einer und mehrerer Veränderlicher und deren Eigenschaften
- Verfahren zur Bestimmung der Nullstellen von Funktionen.
- Ausführliche Darstellung der Integralrechnung, die unbestimmte und bestimmte Integrale sowie Doppel- und Dreifachintegrale enthalt.
- Methoden zur numerischen Berechnung von bestimmten Integralen.
- Behandlung wichtiger Teilgebiete der Theorie gewöhnlicher Differenzialgleichungen.

Vorwort

Die wichtigsten mathematischen Formeln und Begriffe aus dem Gebiet der Analysis immer zur Hand zu haben – das ist das Anliegen dieses Textes. Speziell auf die Bedürfnisse von Studierenden der Ingenieurwissenschaften und verwandter Richtungen zugeschnitten, ist er sehr nützlich beim Selbststudium, als Nachschlagewerk zum täglichen Gebrauch und in der Klausur. Hier findet man in übersichtlicher Weise alles Wichtige über komplexe Zahlen, Eigenschaften zahlreicher Funktionen, Differenzial- und Integralrechnung, einschließlich Doppel- und Dreifachintegrale, sowie zu gewöhnlichen Differenzialgleichungen.

Ein Lehrbuch kann dieser Band nicht ersetzen, aber nützlich ist er allemal, wie zahlreiche Zuschriften von Studierenden, Dozenten und Hörern in der beruflichen Weiterbildung zu einer früheren Variante dieses Textes zeigen.

Die Literaturhinweise verweisen auf Bücher, aus denen man vertiefende Informationen entnehmen kann und die zahlreiche Beispiele und Übungsaufgaben, oftmals mit ausführlichen Lösungen, enthalten.

Dank gebührt dem Verlag für die Aufnahme dieses Werkes in die Reihe *essentials*. Für ihre Hilfe bei der Vorbereitung und Realisierung danke ich insbesondere Frau Iris Ruhmann.

Hinweise und Bemerkungen zum vorliegenden Text sind mir jederzeit willkommen.

Chemnitz
Februar 2021

Bernd Luderer

Inhaltsverzeichnis

Komplexe Zahlen

1

Grundbegriffe

i: $i^2 = -1$	imaginäre Einheit
$z = a + b\,i, \quad a, b \in \mathbb{R}$	kartesische Form der komplexen Zahl $z \in \mathbb{C}$
$z = r(\cos\varphi + i\sin\varphi)$ $= re^{i\varphi}$	trigonometrische Form der komplexen Zahl $z \in \mathbb{C}$ (Euler'sche Relation)
$\varphi = \arg z$	Argument von z; Winkel zwischen reeller Achse und z
$\operatorname{Re} z = a = r\cos\varphi$	Realteil von z
$\operatorname{Im} z = b = r\sin\varphi$	Imaginärteil von z
$\lvert z \rvert = \sqrt{a^2 + b^2} = r$	Betrag von z
$\bar{z} = a - b\,i$	zu $z = a + b\,i$ konjugiert komplexe Zahl
$\sqrt{-a} = \sqrt{a}\,i \quad (a > 0)$	imaginäre Zahl

© Der/die Autor(en), exklusiv lizenziert durch Springer Fachmedien Wiesbaden
GmbH, ein Teil von Springer Nature 2021
B. Luderer, *Formeln und Begriffe der Analysis*, essentials,
https://doi.org/10.1007/978-3-658-33690-5_1

Spezielle komplexe Zahlen

$$
\begin{array}{ll}
\mathrm{e}^{\mathrm{i}0} = 1 & \mathrm{e}^{\pm \mathrm{i}\pi} = -1 \\[2mm]
\mathrm{e}^{\pm \mathrm{i}\frac{\pi}{2}} = \pm \mathrm{i} & \mathrm{e}^{\pm \mathrm{i}\frac{\pi}{4}} = \tfrac{1}{2}\sqrt{2}(1 \pm \mathrm{i}) \\[2mm]
\mathrm{e}^{\pm \mathrm{i}\frac{\pi}{3}} = \tfrac{1}{2}\left(1 \pm \sqrt{3}\,\mathrm{i}\right) & \mathrm{e}^{\pm \mathrm{i}\frac{\pi}{6}} = \tfrac{1}{2}\left(\sqrt{3} \pm \mathrm{i}\right) \\[2mm]
\mathrm{i}^{4n} = 1, \quad \mathrm{i}^{4n+1} = \mathrm{i}, & \mathrm{i}^{4n+2} = -1, \quad \mathrm{i}^{4n+3} = -\mathrm{i} \quad (n \in \mathbb{N})
\end{array}
$$

Umrechnung kartesische Form $\longrightarrow$ Polarform

Gegeben $a, b \in \mathbb{R} \quad \Longrightarrow \quad r = \sqrt{a^2 + b^2}$,

φ ist Lösung der Gleichungen $\cos \varphi = \frac{a}{r}, \quad \sin \varphi = \frac{b}{r}$

Umrechnung Polarform $\longrightarrow$ kartesische Form

Gegeben $r, \varphi \quad \Longrightarrow \quad a = r \cdot \cos \varphi, \qquad b = r \cdot \sin \varphi$

Rechenregeln für komplexe Zahlen

$$z_k = a_k + b_k\,\mathrm{i} = r_k \cdot (\cos \varphi_k + \mathrm{i} \sin \varphi_k) = r_k \cdot \mathrm{e}^{\mathrm{i}\varphi_k}, k = 1, 2$$

Addition und Subtraktion

$$z_1 \pm z_2 = (a_1 \pm a_2) + (b_1 \pm b_2)\,\mathrm{i}$$

Multiplikation

$$z_1 \cdot z_2 = (a_1 a_2 - b_1 b_2) + (a_1 b_2 + a_2 b_1)\,\mathrm{i}$$

$$= r_1 r_2 \cdot [\cos(\varphi_1 + \varphi_2) + \mathrm{i}\,\sin(\varphi_1 + \varphi_2)] = r_1 r_2 \cdot \mathrm{e}^{\mathrm{i}(\varphi_1 + \varphi_2)}$$

Division

$$\frac{z_1}{z_2} = \frac{z_1 \bar{z}_2}{|z_2|^2} = \frac{a_1 a_2 + b_1 b_2 + (a_2 b_1 - a_1 b_2)\,\mathrm{i}}{a_2^2 + b_2^2}$$

$$= \frac{r_1}{r_2} \cdot [\cos(\varphi_1 - \varphi_2) + \mathrm{i}\,\sin(\varphi_1 - \varphi_2)]$$

$$= \frac{r_1}{r_2} \cdot \mathrm{e}^{\mathrm{i}(\varphi_1 - \varphi_2)} \qquad (a_2^2 + b_2^2 > 0)$$

Potenzieren (Satz von Moivre)

$$z^n = [r(\cos\varphi + \mathrm{i}\sin\varphi)]^n = r^n[\cos(n\varphi) + \mathrm{i}\sin(n\varphi)]$$

$$= r^n \cdot \mathrm{e}^{\mathrm{i}(n\varphi)} \qquad (n \text{ reell})$$

Radizieren

$$\sqrt[n]{z} = \sqrt[n]{r(\cos\varphi + \mathrm{i}\sin\varphi}} = \sqrt[n]{r}\,\mathrm{e}^{\mathrm{i}\frac{\varphi + 2k\pi}{n}}$$

$$= \sqrt[n]{r}\left[\cos\frac{\varphi + 2k\pi}{n} + \mathrm{i}\sin\frac{\varphi + 2k\pi}{n}\right], \quad k = 0, 1, \ldots, n-1$$

Die n Lösungen liegen auf dem Kreis um den Ursprung mit Radius $\sqrt[n]{r}$ und bilden mit der reellen Achse die Winkel $\frac{\varphi + 2k\pi}{n}$, $k = 0, 1, \ldots, n-1$.

Speziell gilt: $z \cdot \bar{z} = |z|^2$, $\qquad \frac{1}{z} = \frac{\bar{z}}{|z|^2}$

Funktionen

2

2.1 Eigenschaften von Funktionen

Reelle Funktion $f : \mathbb{R} \to \mathbb{R}$: jeder reellen Zahl x des Definitionsbereiches wird genau eine reelle Zahl y des Wertebereiches zugeordnet: $y = f(x)$.

explizite Form	$y = f(x)$
implizite Form	$F(x, y) = 0$
Parameterdarstellung	$x = x(t), \ y = y(t)$
Definitionsbereich	$D_f = \{x \in \mathbb{R} \mid \exists y \in W_f : y = f(x)\}$
Wertebereich	$W_f = \{y \in \mathbb{R} \mid \exists x \in D_f : y = f(x)\}$
eineindeutige Funktion	zu jedem $y \in W_f$ gibt es genau ein $x \in D_f$ mit $y = f(x)$
inverse Funktion, Umkehrfunktion	ist f eineindeutig, so ist die Abbildung $y \to x$ mit $y = f(x)$ auch eineindeutig; Bezeichnung f^{-1}
Nullstelle	Zahl x_0 mit $f(x_0) = 0$

© Der/die Autor(en), exklusiv lizenziert durch Springer Fachmedien Wiesbaden GmbH, ein Teil von Springer Nature 2021
B. Luderer, *Formeln und Begriffe der Analysis*, essentials,
https://doi.org/10.1007/978-3-658-33690-5_2

Monotonie, Symmetrie, Periodizität

$x, x + p, x_1, x_2 \in D_f$ beliebig mit $x_1 < x_2$

monoton wachsende Funktion	$f(x_1) \leq f(x_2)$
monoton fallende Funktion	$f(x_1) \geq f(x_2)$
streng monoton wachsende Funktion	$f(x_1) < f(x_2)$
streng monoton fallende Funktion	$f(x_1) > f(x_2)$
gerade Funktion	$f(-x) = f(x)$
ungerade Funktion	$f(-x) = -f(x)$
periodische Funktion (Periode p)	$f(x + p) = f(x)$

Extremaleigenschaften

$x \in D_f$ beliebig

nach oben beschränkte Funktion	$\exists K : f(x) \leq K$
nach unten beschränkte Funktion	$\exists K : f(x) \geq K$
beschränkte Funktion	$\exists K : |f(x)| \leq K$
globale Maximumstelle	$x^*: f(x^*) \geq f(x)$
globales Maximum	$f(x^*) = \max\limits_{x \in D_f} f(x)$
lokale Maximumstelle	$x^*: f(x^*) \geq f(x),\ x \in U_\varepsilon(x^*)$
globale Minimumstelle	$x^*: f(x^*) \leq f(x)$
globales Minimum	$f(x^*) = \min\limits_{x \in D_f} f(x)$
lokale Minimumstelle	$x^*: f(x^*) \leq f(x),\ x \in U_\varepsilon(x^*)$

ε-Umgebung von x^*: $U_\varepsilon(x^*) = \{x \in \mathbb{R} : |x - x^*| < \varepsilon\}$

Krümmungseigenschaften

$x, y \in D_f$ beliebig; $\lambda \in (0, 1)$ beliebig

konvexe Funktion	$f(\lambda x + (1 - \lambda)y) \leq \lambda f(x) + (1 - \lambda)f(y)$
streng konvexe Funktion	$f(\lambda x + (1 - \lambda)y) < \lambda f(x) + (1 - \lambda)f(y)$
konkave Funktion	$f(\lambda x + (1 - \lambda)y) \geq \lambda f(x) + (1 - \lambda)f(y)$
streng konkave Funktion	$f(\lambda x + (1 - \lambda)y) > \lambda f(x) + (1 - \lambda)f(y)$

2.2 Grenzwert und Stetigkeit

Eine Zahl $a \in \mathbb{R}$ heißt *Grenzwert* der Funktion f im Punkt x_0, wenn $\lim\limits_{n \to \infty} f(x_n) = a$ gilt für **jede** gegen den Punkt x_0 konvergierende Punktfolge $\{x_n\}$ mit $x_n \in D_f$. Bezeichnung: $a = \lim\limits_{x \to x_0} f(x)$ oder $f(x) \to a$ für $x \to x_0$.

uneigentlicher Grenzwert	$a = +\infty$ oder $a = -\infty$
rechtsseitiger Grenzwert	$\lim\limits_{x \downarrow x_0} f(x) = a \quad (x > x_0)$
linksseitiger Grenzwert	$\lim\limits_{x \uparrow x_0} f(x) = a \quad (x < x_0)$

f ist *stetig in $x_0 \in D_f$*, wenn $\lim\limits_{x \to x_0} f(x) = f(x_0)$; die Funktion muss also in x_0 definiert sein und einen endlichen Grenzwert besitzen, der mit dem Funktionswert in x_0 übereinstimmt.

Arten von Unstetigkeitsstellen

endlicher Sprung	$\lim\limits_{x\downarrow x_0} f(x) \neq \lim\limits_{x\uparrow x_0} f(x)$
unendlicher Sprung	einer der beiden einseitigen Grenzwerte ist unendlich
Polstelle	$\left\lvert \lim\limits_{x\downarrow x_0} f(x) \right\rvert = \left\lvert \lim\limits_{x\uparrow x_0} f(x) \right\rvert = \infty$
Lücke	$\lim\limits_{x\to x_0} f(x) = a$ existiert, aber f ist nicht definiert für $x = x_0$ oder es gilt $f(x_0) \neq a$

Wichtige Grenzwerte

$$\lim_{x\to\pm\infty} \frac{1}{x} = 0, \qquad \lim_{x\to\infty} e^x = \infty, \qquad \lim_{x\to-\infty} e^x = 0$$

$$\lim_{x\to\infty} \ln x = \infty, \qquad \lim_{x\downarrow 0} \ln x = -\infty, \qquad \lim_{x\downarrow 0} x^x = 1$$

$$\lim_{x\to\infty} q^x = \infty \ (q>1), \qquad \lim_{x\to\infty} q^x = 0 \ (0<q<1)$$

$$\lim_{x\to\infty} x^n = \infty \ (n\geq 1), \qquad \lim_{x\to\infty} \left(1+\frac{c}{x}\right)^x = e^c \ (c\in\mathbb{R})$$

$$\lim_{x\to\infty} \frac{x^n}{e^{\alpha x}} = 0 \ (\alpha>0,\ n\in\mathbb{N}), \qquad \lim_{x\to 1} \frac{x^n-1}{x-1} = n$$

$$\lim_{x\to 0} \frac{\sin x}{x} = 1, \qquad \lim_{x\to 0} \frac{a^x-1}{x} = \ln a, \qquad \lim_{x\to\infty} \frac{\ln x}{x} = 0$$

Rechenregeln für Grenzwerte

Existieren die Grenzwerte $\lim\limits_{x \to x_0} f(x) = a$ und $\lim\limits_{x \to x_0} g(x) = b$, so gelten die folgenden Beziehungen:

$$\lim\limits_{x \to x_0} (f(x) \pm g(x)) = a \pm b$$

$$\lim\limits_{x \to x_0} (f(x) \cdot g(x)) = a \cdot b$$

$$\lim\limits_{x \to x_0} \frac{f(x)}{g(x)} = \frac{a}{b}, \quad \text{falls } g(x) \neq 0, \quad b \neq 0$$

Ist f stetig, so gilt $\lim\limits_{x \to x_0} f(g(x)) = f\left(\lim\limits_{x \to x_0} g(x) \right)$.

Speziell:

$$\lim\limits_{x \to x_0} (f(x))^n = \left(\lim\limits_{x \to x_0} f(x) \right)^n$$

$$\lim\limits_{x \to x_0} a^{f(x)} = a^{\left(\lim\limits_{x \to x_0} f(x) \right)}, \quad a > 0$$

$$\lim\limits_{x \to x_0} \ln f(x) = \ln \left(\lim\limits_{x \to x_0} f(x) \right), \quad \text{falls } f(x) > 0$$

Sind die Funktionen f und g stetig auf ihren Definitionsbereichen D_f bzw. D_g, so sind die Funktionen $f + g$, $f - g$, $f \cdot g$ und $\frac{f}{g}$ (letztere für $g(x) \neq 0$) stetig auf $D_f \cap D_g$.

2.3   Regeln von de l'Hospital für $\frac{0}{0}$ bzw. $\frac{\infty}{\infty}$

Die Funktionen f und g seien differenzierbar in einer Umgebung von x_0, $\lim\limits_{x \to x_0} \dfrac{f'(x)}{g'(x)}$ existiere (als endlicher oder unendlicher Wert), es gelte $g'(x) \neq 0$ sowie $\lim\limits_{x \to x_0} f(x) = 0$, $\lim\limits_{x \to x_0} g(x) = 0$ oder $\lim\limits_{x \to x_0} |f(x)| = \lim\limits_{x \to x_0} |g(x)| = \infty$.

Dann gilt $\lim\limits_{x \to x_0} \dfrac{f(x)}{g(x)} = \lim\limits_{x \to x_0} \dfrac{f'(x)}{g'(x)}$.

Auch der Fall $x \to \pm\infty$ ist möglich.

Ausdrücke der Form $0 \cdot \infty$ oder $\infty - \infty$ lassen sich durch Umformung auf die Gestalt $\frac{0}{0}$ oder $\frac{\infty}{\infty}$ bringen.

Ausdrücke der Art 0^0, ∞^0 oder 1^∞ werden mittels der Umformung $f(x)^{g(x)} = e^{g(x) \ln f(x)}$ auf die Form $0 \cdot \infty$ gebracht.

2.4   Elementare Funktionen

Lineare Funktionen

$f(x) = ax$ *lineare* Funktion

$f(x) = ax + b$ *affin lineare* Funktion

Für lineare Funktionen gilt:

$$f(x_1 + x_2) = f(x_1) + f(x_2), \quad f(\lambda x) = \lambda f(x), \quad f(0) = 0$$

Für affin lineare Funktionen gilt:

$$\frac{f(x_1) - f(x_2)}{x_1 - x_2} = a, \quad f\left(-\frac{b}{a}\right) = 0 \quad (a \neq 0), \quad f(0) = b$$

Der Graph einer linearen Funktion ist eine Gerade.

Die Funktion $f(x) = b$ (Konstante) ist eine Parallele zur x-Achse.

Quadratische Funktionen

$f(x) = ax^2 + bx + c$ *quadratische* Funktion

$ax^2 + bx + c = 0 \implies x_{1,2} = \dfrac{1}{2a}\left(-b \pm \sqrt{b^2 - 4ac}\right)$

$x^2 + px + q = 0 \implies x_{1,2} = -\dfrac{p}{2} \pm \sqrt{\dfrac{p^2}{4} - q}$

$D = b^2 - 4ac$ bzw. $D = \frac{p^2}{4} - q$ *Diskriminante*

Für $D > 0$ gibt es zwei reelle, für $D = 0$ eine doppelte und für $D < 0$ keine reelle Nullstelle.

Für $a > 0$ gibt es eine Minimumstelle und für $a < 0$ eine Maximumstelle bei $x = -\frac{p}{2}$.

Für $a > 0$ $(a < 0)$ ist f eine streng konvexe (konkave) Funktion; ihr Graph ist eine nach oben (unten) geöffnete Parabel mit dem Scheitelpunkt $\left(-\frac{b}{2a},\, c - \frac{b^2}{4a}\right)$.

Potenzfunktionen

$f(x) = x^n$ $(n \in \mathbb{N})$ *Potenzfunktion*

$D_f = \mathbb{R}$; $W_f = \mathbb{R}$ (bzw. $\mathbb{R}^+$) für n ungerade (gerade)

f ist gerade (ungerade), falls n gerade (ungerade)

$f(x) = x^\alpha$ $(\alpha \in \mathbb{R},\ x > 0)$ *allgemeine Potenzfunktion*

$D_f = \mathbb{R}^+$, $W_f = \mathbb{R}^+$, falls $\alpha \geq 0$

$D_f = \{x \mid x > 0\}$, $W_f = \{y \mid y > 0\}$, falls $\alpha \leq 0$

f streng monoton fallend und konkav, falls $\alpha < 0$

f streng monoton wachsend, falls $\alpha > 0$

f konvex, falls $\alpha \geq 1$; f konkav, falls $0 < \alpha \leq 1$

Polynome = ganze rationale Funktionen

$$p_n(x) = a_n x^n + a_{n-1} x^{n-1} + \ldots + a_1 x + a_0, \, a_n \neq 0, \, a_i \in \mathbb{R}, \, n \in \mathbb{N}$$

ganze rationale Funktion, *Polynom n-ten Grades*

Produktdarstellung (Linearfaktorzerlegung):

$$p_n(x) = a_n(x - x_1)(x - x_2)\ldots(x - x_{n-1})(x - x_n),$$

x_i – reelle oder komplexe Nullstellen des Polynoms;

Komplexe Nullstellen treten stets paarweise in konjugiert komplexer Form auf.

Ist eine Nullstelle x_1 bekannt, so kann zur Ermittlung weiterer Nullstellen die *Polynomdivision* $p_n(x) : (x - x_1)$ (stets ohne Rest teilbar) angewendet werden.

Gebrochen rationale Funktionen

$$f(x) = \frac{a_m x^m + a_{m-1} x^{m-1} + \ldots + a_1 x + a_0}{b_n x^n + b_{n-1} x^{n-1} + \ldots + b_1 x + b_0},$$

$$a_m \neq 0, \, b_n \neq 0, \, m \in \mathbb{N}, \, n \in \mathbb{N}$$

$m < n$: *echt* gebrochen, $m \geq n$: *unecht* gebrochen

Eine *unecht* gebrochen rationale Funktion $f(x)$ kann durch *Polynomdivision* auf die Form $\boxed{f(x) = p(x) + s(x)}$ gebracht werden; hierbei ist $p(x)$ ein Polynom (*Asymptote*) und $s(x)$ eine *echt* gebrochen rationale Funktion.

Nullstelle von f:	Zähler $= 0$, Nenner $\neq 0$
Polstelle von f:	Zähler $\neq 0$, Nenner $= 0$[1]
Lücke von f:	Zähler $= 0$, Nenner $= 0$[2]

[1] Auch alle gemeinsamen Nullstellen von Zähler und Nenner, deren Vielfachheit im Zähler kleiner als ihre Vielfachheit im Nenner ist.
[2] Genauer: Gemeinsame Nullstelle von Zähler und Nenner, deren Vielfachheit im Zähler größer oder gleich ihrer Vielfachheit im Nenner ist.

Partialbruchzerlegung von echt gebrochen rationalen Funktionen = Funktionen
der Art $f(x) = \frac{p_m(x)}{q_n(x)}$, $m < n$

---

1. Darstellung des Nennerpolynoms als Produkt von linearen und
   quadratischen Polynomen mit reellen Koeffizienten, wobei die quadratischen Polynome konjugiert komplexe Nullstellen besitzen:

   $$q_n(x) = (x-a)^\alpha (x-b)^\beta \ldots (x^2 + cx + d)^\gamma \ldots$$

2. Ansatz $f(x) = \dfrac{A_1}{x-a} + \dfrac{A_2}{(x-a)^2} + \ldots + \dfrac{A_\alpha}{(x-a)^\alpha}$

   $$+ \frac{B_1}{x-b} + \frac{B_2}{(x-b)^2} + \ldots + \frac{B_\beta}{(x-b)^\beta} + \ldots$$

   $$+ \frac{C_1 x + D_1}{x^2 + cx + d} + \ldots + \frac{C_\gamma x + D_\gamma}{(x^2 + cx + d)^\gamma} + \ldots$$

2. Bestimmung der (reellen) Koeffizienten $A_i, B_i, C_i, D_i, \ldots$ des obi-
   gen Ansatzes:

   a) Ansatz auf Hauptnenner bringen,

   b) mit Hauptnenner multiplizieren,

   c) Einsetzen von $x = a, x = b, \ldots$ liefert $A_\alpha, B_\beta, \ldots$,

   d) ein *Koeffizientenvergleich* liefert lineare Gleichungen für die
   restlichen unbekannten Koeffizienten.

2.5   Exponential- und Logarithmusfunktionen

Exponentialfunktionen

$f(x) = a^x$	Exponentialfunktion, $a \in \mathbb{R}$, $a > 0$
	a – *Basis*, x – *Exponent*
$f(x) = e^x = \exp(x)$	Exponentialfunktion zur Basis e
negativer Exponent:	$a^{-x} = \left(\dfrac{1}{a}\right)^x$, $a > 0$
Definitionsbereich $D_f = \mathbb{R}$,	Wertebereich: $W_f = \{y \mid y > 0\}$

Die Umkehrfunktion der Exponentialfunktion $y = a^x$ ist die Logarithmusfunktion $y = \log_a x$ (Spiegelung an der Winkelhalbierenden $y = x$).

Logarithmusfunktionen

$f(x) = \log_a x$	Logarithmusfunktion, $a \in \mathbb{R}$, $a > 1$
	x – *Argument*, a – *Basis*
$a = \mathrm{e}$	$f(x) = \ln x$ (natürlicher Logarithmus)
$a = 10$	$f(x) = \lg x$ (dekadischer Logarithmus)
$W_f = \mathbb{R}$	$D_f = \{x \in \mathbb{R} \mid x > 0\}$

2.6   Trigonometrische Funktionen (Winkelfunktionen)

Winkelverhältnisse im rechtwinkligen Dreieck (s. Abb. 2.1):

$$\sin x = \frac{a}{c} = \frac{\text{Gegenkathete}}{\text{Hypotenuse}} \qquad \cos x = \frac{b}{c} = \frac{\text{Ankathete}}{\text{Hypotenuse}}$$

$$\tan x = \frac{a}{b} = \frac{\text{Gegenkathete}}{\text{Ankathete}} \qquad \cot x = \frac{b}{a} = \frac{\text{Ankathete}}{\text{Gegenkathete}}$$

Für Winkel x zwischen $\frac{\pi}{2}$ und 2π werden die Strecken a, b entsprechend ihrer Lage in einem rechtwinkligen Koordinatensystem mit Vorzeichen versehen (Abb. 2.1).

Abb. 2.1 Winkelverhältnisse im rechtwinkligen Dreieck

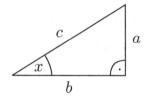

$$\sin^2 x + \cos^2 x = 1, \qquad \tan x = \frac{\sin x}{\cos x}, \qquad \cot x = \frac{\cos x}{\sin x}$$

Definitions- und Wertebereiche

Funktion	Definitionsbereich	Wertebereich
$y = \sin x$	$\mathbb{R}$	$[-1, 1]$
$y = \cos x$	$\mathbb{R}$	$[-1, 1]$
$y = \tan x$	$\mathbb{R} \setminus \{x = \frac{\pi}{2} \pm k\pi, k \in \mathbb{N}\}$	$\mathbb{R}$
$y = \cot x$	$\mathbb{R} \setminus \{x = k\pi, k \in \mathbb{N}\}$	$\mathbb{R}$

Verschiebungs- und Spiegelungseigenschaften

$$\sin(\pi + x) = -\sin x \qquad\qquad \sin\left(\tfrac{3\pi}{2} + x\right) = -\cos x$$
$$\cos(\pi + x) = -\cos x \qquad\qquad \cos\left(\tfrac{3\pi}{2} + x\right) = \sin x$$
$$\tan(\pi + x) = \tan x \qquad\qquad \tan\left(\tfrac{3\pi}{2} + x\right) = -\cot x$$
$$\cot(\pi + x) = \cot x \qquad\qquad \cot\left(\tfrac{3\pi}{2} + x\right) = -\tan x$$
$$\sin\left(\tfrac{\pi}{2} + x\right) = \sin\left(\tfrac{\pi}{2} - x\right) = \cos x$$
$$\cos\left(\tfrac{\pi}{2} + x\right) = -\cos\left(\tfrac{\pi}{2} - x\right) = -\sin x$$
$$\tan\left(\tfrac{\pi}{2} + x\right) = -\tan\left(\tfrac{\pi}{2} - x\right) = -\cot x$$
$$\cot\left(\tfrac{\pi}{2} + x\right) = -\cot\left(\tfrac{\pi}{2} - x\right) = -\tan x$$

Periodizität

$$\sin(x + 2\pi) = \sin x \qquad\qquad \cos(x + 2\pi) = \cos x$$
$$\tan(x + \pi) = \tan x \qquad\qquad \cot(x + \pi) = \cot x$$

Symmetrie

$$\sin(-x) = -\sin x \qquad\qquad \cos(-x) = \cos x$$
$$\tan(-x) = -\tan x \qquad\qquad \cot(-x) = -\cot x$$

Spezielle Funktionswerte

Bogenmaß	0	$\frac{\pi}{6}$	$\frac{\pi}{4}$	$\frac{\pi}{3}$	$\frac{\pi}{2}$
Gradmaß	0°	30°	45°	60°	90°
$\sin x$	0	$\frac{1}{2}$	$\frac{1}{2}\sqrt{2}$	$\frac{1}{2}\sqrt{3}$	1
$\cos x$	1	$\frac{1}{2}\sqrt{3}$	$\frac{1}{2}\sqrt{2}$	$\frac{1}{2}$	0
$\tan x$	0	$\frac{1}{3}\sqrt{3}$	1	$\sqrt{3}$	–
$\cot x$	–	$\sqrt{3}$	1	$\frac{1}{3}\sqrt{3}$	0

Umrechnung von Winkelfunktionen ($0 \le x \le \frac{\pi}{2}$)

	$\sin x$	$\cos x$	$\tan x$	$\cot x$
$\sin x$	$\sin x$	$\sqrt{1-\cos^2 x}$	$\frac{\tan x}{\sqrt{1+\tan^2 x}}$	$\frac{1}{\sqrt{1+\cot^2 x}}$
$\cos x$	$\sqrt{1-\sin^2 x}$	$\cos x$	$\frac{1}{\sqrt{1+\tan^2 x}}$	$\frac{\cot x}{\sqrt{1+\cot^2 x}}$
$\tan x$	$\frac{\sin x}{\sqrt{1-\sin^2 x}}$	$\frac{\sqrt{1-\cos^2 x}}{\cos x}$	$\tan x$	$\frac{1}{\cot x}$
$\cot x$	$\frac{\sqrt{1-\sin^2 x}}{\sin x}$	$\frac{\cos x}{\sqrt{1-\cos^2 x}}$	$\frac{1}{\tan x}$	$\cot x$

Additionstheoreme

$$\sin(x \pm y) = \sin x \cos y \pm \cos x \sin y$$

$$\cos(x \pm y) = \cos x \cos y \mp \sin x \sin y$$

$$\tan(x \pm y) = \frac{\tan x \pm \tan y}{1 \mp \tan x \tan y}$$

$$\cot(x \pm y) = \frac{\cot x \cot y \mp 1}{\cot y \pm \cot x}$$

Doppelwinkelformeln

$$\sin 2x = 2 \sin x \cos x = \frac{2 \tan x}{1 + \tan^2 x}$$

$$\cos 2x = \cos^2 x - \sin^2 x = \frac{1 - \tan^2 x}{1 + \tan^2 x}$$

$$\tan 2x = \frac{2 \tan x}{1 - \tan^2 x} = \frac{2}{\cot x - \tan x}$$

$$\cot 2x = \frac{\cot^2 x - 1}{2 \cot x} = \frac{\cot x - \tan x}{2}$$

Halbwinkelformeln (für $0 < x < \pi$)

$$\sin \frac{x}{2} = \sqrt{\frac{1 - \cos x}{2}} \qquad\qquad \cos \frac{x}{2} = \sqrt{\frac{1 + \cos x}{2}}$$

$$\tan \frac{x}{2} = \sqrt{\frac{1 - \cos x}{1 + \cos x}} = \frac{\sin x}{1 + \cos x} = \frac{1 - \cos x}{\sin x}$$

$$\cot \frac{x}{2} = \sqrt{\frac{1 + \cos x}{1 - \cos x}} = \frac{\sin x}{1 - \cos x} = \frac{1 + \cos x}{\sin x}$$

Summe und Differenz von Winkelfunktionen

$$\sin x + \sin y = 2\sin\frac{x+y}{2}\cos\frac{x-y}{2}$$

$$\cos x + \cos y = 2\cos\frac{x+y}{2}\cos\frac{x-y}{2}$$

$$\sin x - \sin y = 2\cos\frac{x+y}{2}\sin\frac{x-y}{2}$$

$$\cos x - \cos y = -2\sin\frac{x+y}{2}\sin\frac{x-y}{2}$$

$$\tan x \pm \tan y = \frac{\sin(x \pm y)}{\cos x \cos y} \qquad \cot x \pm \cot y = \pm\frac{\sin(x \pm y)}{\sin x \sin y}$$

2.7   Arkusfunktionen (zyklometrische Funktionen)

Arkus- (= zyklometrische) Funktionen sind die Umkehrfunktionen der Winkelfunktionen.

Definitions- und Wertebereiche

Arkusfunktion	Definitionsbereich	Wertebereich
$y = \arcsin x$	$-1 \leq x \leq 1$	$-\frac{\pi}{2} \leq y \leq \frac{\pi}{2}$
$y = \arccos x$	$-1 \leq x \leq 1$	$0 \leq y \leq \pi$
$y = \arctan x$	$-\infty < x < \infty$	$-\frac{\pi}{2} < y < \frac{\pi}{2}$
$y = \text{arccot}\, x$	$-\infty < x < \infty$	$0 < y < \pi$

Symmetrieeigenschaften der Arkusfunktionen

$$\arcsin(-x) = -\arcsin x \qquad \arccos(-x) = \pi - \arccos x$$
$$\arctan(-x) = -\arctan x \qquad \operatorname{arccot}(-x) = \pi - \operatorname{arccot} x$$

Umrechnung von Arkusfunktionen

$$\arcsin x = \frac{\pi}{2} - \arccos x = \arctan \frac{x}{\sqrt{1-x^2}}$$

$$\arccos x = \frac{\pi}{2} - \arcsin x = \operatorname{arccot} \frac{x}{\sqrt{1-x^2}}$$

$$\arctan x = \frac{\pi}{2} - \operatorname{arccot} x = \arcsin \frac{x}{\sqrt{1+x^2}}$$

$$\operatorname{arccot} x = \frac{\pi}{2} - \arctan x = \arccos \frac{x}{\sqrt{1+x^2}}$$

$$\arcsin x = \arccos \sqrt{1-x^2} \qquad (0 \leq x \leq 1)$$

$$\arccos x = \arcsin \sqrt{1-x^2} \qquad (0 \leq x \leq 1)$$

$$\arctan x = \operatorname{arccot} \frac{1}{x} \qquad (x > 0)$$

$$\operatorname{arccot} x = \arctan \frac{1}{x} \qquad (x > 0)$$

Additionstheoreme der Arkusfunktionen

$$\arcsin x \pm \arcsin y = \arcsin \left(x\sqrt{1-y^2} \pm y\sqrt{1-x^2} \right), \qquad x^2 + y^2 \leq 1$$

$$\arctan x + \arctan y = \arctan \frac{x+y}{1-xy}, \qquad\qquad x \cdot y < 1$$

2.8   Hyperbel- und Areafunktionen

$$y = \sinh x = \frac{1}{2}(e^x - e^{-x})$$ Hyperbelsinus

$$D_f = \mathbb{R},\ W_f = \mathbb{R}$$

$$y = \cosh x = \frac{1}{2}(e^x + e^{-x})$$ Hyperbelkosinus

$$D_f = \mathbb{R},\ W_f = [1, \infty)$$

$$y = \tanh x = \frac{e^x - e^{-x}}{e^x + e^{-x}}$$ Hyperbeltangens

$$D_f = \mathbb{R},\ W_f = (-1, 1)$$

$$y = \coth x = \frac{e^x + e^{-x}}{e^x - e^{-x}}$$ Hyperbelkotangens

$$D_f = \mathbb{R} \setminus \{0\},$$
$$W_f = (-\infty, -1) \cup (1, \infty)$$

Die Funktion $\cosh x$ ist gerade; die Funktionen $\sinh x$, $\tanh x$, $\coth x$ sind ungerade.

Grundbeziehungen

$$\cosh^2 x - \sinh^2 x = 1 \qquad \tanh x \cdot \coth x = 1$$
$$\cosh x + \sinh x = e^x \qquad \cosh x - \sinh x = e^{-x}$$

Die Umkehrfunktionen des Hyperbelsinus, Hyperbeltangens, Hyperbelkotangens und des rechten Teils des Hyperbelkosinus werden als *Areafunktionen* bezeichnet.

$y = \operatorname{arsinh} x$ $\quad$ Areasinus; $\ D_f = \mathbb{R}, \ W_f = \mathbb{R}$

$y = \operatorname{arcosh} x$ $\quad$ Areakosinus

$\qquad\qquad D_f = [1, \infty), \ W_f = [0, \infty)$

$y = \operatorname{artanh} x$ $\quad$ Areatangens

$\qquad\qquad D_f = (-1, 1), \ W_f = \mathbb{R}$

$y = \operatorname{arcoth} x$ $\quad$ Areakotangens

$\qquad\qquad D_f = (-\infty, -1) \cup (1, \infty), W_f = \mathbb{R} \setminus \{0\}$

Darstellung durch Logarithmusfunktionen:

$$\operatorname{arsinh} x = \ln\left(x + \sqrt{x^2 + 1}\right)$$

$$\operatorname{arcosh} x = \pm\ln\left(x + \sqrt{x^2 - 1}\right)$$

$$\operatorname{artanh} x = \frac{1}{2} \cdot \ln\frac{1 + x}{1 - x} \quad (|x| < 1)$$

$$\operatorname{arcoth} x = \frac{1}{2} \cdot \ln\frac{x + 1}{x - 1} \quad (|x| > 1)$$

Umrechnung hyperbolischer Funktionen ($x > 0$)

	$\sinh x$	$\cosh x$	$\tanh x$	$\coth x$
$\sinh x$	$\sinh x$	$\sqrt{\cosh^2 x - 1}$	$\dfrac{\tanh x}{\sqrt{1 - \tanh^2 x}}$	$\dfrac{1}{\sqrt{\coth^2 x - 1}}$
$\cosh x$	$\sqrt{\sinh^2 x + 1}$	$\cosh x$	$\dfrac{1}{\sqrt{1 - \tanh^2 x}}$	$\dfrac{\coth x}{\sqrt{\cot^2 x - 1}}$
$\tanh x$	$\dfrac{\sinh x}{\sqrt{\sinh^2 x + 1}}$	$\dfrac{\sqrt{\cosh^2 x - 1}}{\cosh x}$	$\tanh x$	$\dfrac{1}{\coth x}$
$\coth x$	$\dfrac{\sqrt{\sinh^2 x + 1}}{\sinh x}$	$\dfrac{\cosh x}{\sqrt{\cosh^2 x - 1}}$	$\dfrac{1}{\tanh x}$	$\coth x$

2.9   Numerische Methoden der Nullstellenberechnung

Nullstellen x^* einer stetigen Funktion f, d. h. solche x-Werte, für die $f(x^*) = 0$ gilt, lassen sich oftmals nicht exakt, sondern nur mithilfe numerischer Methoden ermitteln. Dabei brechen die jeweiligen Iterationsverfahren dann ab, wenn die Beziehung $|f(x)| < \varepsilon$ erfüllt ist, wobei $\varepsilon > 0$ eine (beliebige kleine) Genauigkeitsschranke ist.

Wertetabelle
Berechne für ausgewählte Werte x die zugehörigen Funktionswerte $f(x)$. Im Ergebnis erhält man eine ungefähre Übersicht über den Kurvenverlauf von f und die Lage der Nullstellen.

Intervallhalbierung (Bisektion)
Gegeben: Punkt x_l mit $f(x_l) < 0$ und x_r mit $f(x_r) > 0$, also ein Punkt mit einem negativen und einer mit einem positiven Funktionswert. Dann muss (wegen der Stetigkeit von f) im Intervall $[x_l, x_r]$ mindestens eine Nullstelle von f liegen.

---

1. Berechne den Mittelpunkt $x_m = \frac{1}{2}(x_l + x_r)$ des Intervalls $[x_l, x_r]$ sowie $f(x_m)$.

2. Falls $|f(x_m)| < \varepsilon$, so stoppe und nimm den Punkt x_m als Näherung für die Nullstelle x^*.

2. Falls das Abbruchkriterium noch nicht erfüllt ist, so unterscheide die folgenden beiden Fälle:

Gilt $f(x_m) < 0$, setze $x_l := x_m$ (x_r bleibt unverändert); gilt $f(x_m) > 0$, so setze $x_r := x_m$ (x_l bleibt unverändert). Gehe zu Schritt 1.

Für $f(x_l) > 0$, $f(x_r) < 0$ lässt sich das Verfahren entsprechend anpassen.

Sekantenverfahren (regula falsi, lineare Interpolation)
Gegeben: Punkt x_l mit $f(x_l) < 0$ und Punkt x_r mit $f(x_r) > 0$, also ein Punkt mit negativem und einer mit positivem Funktionswert. Im Intervall $[x_l, x_r]$ liegt dann mindestens eine Nullstelle von f.

1. Berechne $x_s = x_l - \dfrac{x_r - x_l}{f(x_r) - f(x_l)} \cdot f(x_l)$ sowie $f(x_s)$.

2. Falls $|f(x_s)| < \varepsilon$, so stoppe und nimm x_s als Näherung für die exakte Nullstelle x^*.

2. Falls das Abbruchkriterium noch nicht erfüllt ist, so unterscheide die folgenden beiden Fälle:

Gilt $f(x_s) < 0$, so setze $x_l := x_s$ (x_r bleibt dabei unverändert); gilt hingegen $f(x_s) > 0$, so setze $x_r := x_s$ (x_l bleibt unverändert). Gehe zu Schritt 1.

Für $f(x_l) > 0$, $f(x_r) < 0$ lässt sich das Verfahren entsprechend anpassen.

Tangentenverfahren (Newtonverfahren)
Gegeben: Startwert x_0, der in einer (kleinen) Umgebung der exakten Nullstelle x^* gelegen ist. Die Funktion f sei differenzierbar.

1. Berechne $x_{k+1} = x_k - \dfrac{f(x_k)}{f'(x_k)}$, $k = 0, 1, 2, \ldots$

2. Falls $|f(x_{k+1})| < \varepsilon$, so stoppe und nimm x_{k+1} als Näherung für x^*.

2. Falls das Abbruchkriterium noch nicht erfüllt ist, so setze $k := k + 1$ und gehe zu Schritt 1.

Falls $f'(x_k) = 0$ für ein gewisses k gilt, so starte das Verfahren neu mit einem anderen Startpunkt x_0.
Anderes Abbruchkriterium: $|x_{k+1} - x_k| < \varepsilon$.

Descartes'sche Vorzeichenregel
Ist w die Zahl der Vorzeichenwechsel in der Koeffizientenfolge $a_0, a_1, \ldots, a_n$ des Polynoms $\sum_{k=0}^{n} a_k x^k$ (Nullen werden weggelassen), so beträgt die Anzahl **positiver** Nullstellen w oder $w - 2$ oder $w - 4$, $\ldots$

2.10   Kurven in der Ebene, Rollkurven

Explizite/implizite Darstellung	Parameter- darstellung	Name
$y = a \cosh \frac{x}{a}$ $(a > 0)$		Kettenlinie
$\dfrac{x^2}{a^2} + \dfrac{y^2}{b^2} = 1$	$x = a \cos t$ $y = b \sin t$	Ellipse
$x^2 + y^2 = a^2$	$x = a \cos t$ $y = a \sin t$	Kreis
$\dfrac{x^2}{a^2} - \dfrac{y^2}{b^2} = 1$	$x = a \cosh t$ $y = b \sinh t$	Hyperbel
$x^{\frac{2}{3}} + y^{\frac{2}{3}} = a^{\frac{2}{3}}$	$x = a(\cos t)^3$ $y = a(\sin t)^3$	Astroide
$x^3 + y^3 = 3axy$ $(a > 0)$	$x = 3at/(t^3 + 1)$ $y = 3at^2/(t^3 + 1)$	kartesisches Blatt
	$x = a(t - \sin t)$ $y = a(1 - \cos t)$	Zykloide
$(x^2 + y^2 + 2ax)^2$ $= 4a^2(x^2 + y^2)$ $(a > 0)^*$	$x = a(c \cos t - c \cos ct)$ $y = a(c \sin t - \sin ct)$	Epizykloide $(c = 2:$ Kardioide$)$
	$x = a(c \cos t - \cos ct)$ $y = a(c \sin t + \sin ct)$	Hypozykloide $(c = 3:$ Astroide$)$
	$x = a(t \sin t + \cos t)$ $y = a(\sin t - t \cos t)$	Kreisevolvente

*Kardioide mit Spitze im Koordinatenursprung

Differenzialrechnung

3

Falls der Grenzwert $\frac{dy}{dx} = \lim_{\Delta x \to 0} \frac{f(x+\Delta x)-f(x)}{\Delta x}$ existiert, heißt die Funktion f *im Punkt x differenzierbar*; sie ist dann dort auch stetig. Ist f differenzierbar $\forall\, x \in D_f$, so wird sie *differenzierbar* auf ihrem Definitionsbereich D_f genannt.

Der Grenzwert wird *Differenzialquotient* oder *Ableitung* genannt und mit $\frac{dy}{dx}$ bezeichnet (auch $\frac{df}{dx}$, $y'(x)$, $f'(x)$). Der Differenzialquotient (= Zahl) ist gleich dem Anstieg der Tangente an den Graphen von f im Punkt $(x, f(x))$.

3.1 Differenziationsregeln

	Funktion	Ableitung
Faktorregel	$a \cdot u(x)$	$a \cdot u'(x), \quad a \in \mathbb{R}$
Summenregel	$u(x) \pm v(x)$	$u'(x) \pm v'(x)$
Produktregel	$u(x) \cdot v(x)$	$u'(x)v(x) + u(x)v'(x)$
Quotientenregel	$\dfrac{u(x)}{v(x)}$	$\dfrac{u'(x)v(x) - u(x)v'(x)}{[v(x)]^2}$
Kettenregel	$u(z),$ $z = v(x))$	$u'(z) \cdot v'(x)$
Ableitung mittels Umkehrfunktion	$f(x)$	$\dfrac{1}{(f^{-1})' \cdot (f(x))}$
Logarithmische Differenziation	$f(x)\ (>0)$	$(\ln f(x))' \cdot f(x)$
Implizite Funktion	$y = f(x)$ gegeben als $F(x,y) = 0$	$f'(x) = -\dfrac{F_x(x,y)}{F_y(x,y)}$

© Der/die Autor(en), exklusiv lizenziert durch Springer Fachmedien Wiesbaden GmbH, ein Teil von Springer Nature 2021
B. Luderer, *Formeln und Begriffe der Analysis*, essentials,
https://doi.org/10.1007/978-3-658-33690-5_3

3.2   Ableitungen elementarer Funktionen

$f(x)$	$f'(x)$	$f(x)$	$f'(x)$
$c = \text{const}$	0	$\ln x$	$\dfrac{1}{x}$
x^n	$n \cdot x^{n-1}$	$\log_a x$	$\dfrac{1}{x \cdot \ln a} = \dfrac{1}{x}\log_a e$
$\dfrac{1}{x}$	$-\dfrac{1}{x^2}$	$\lg x$	$\dfrac{1}{x}\lg e$
$\dfrac{1}{x^n}$	$-\dfrac{n}{x^{n+1}}$	$\sin x$	$\cos x$
$\sqrt{x}$	$\dfrac{1}{2\sqrt{x}}$	$\cos x$	$-\sin x$
$\sqrt[n]{x}$	$\dfrac{1}{n\sqrt[n]{x^{n-1}}}$	$\tan x$	$1 + \tan^2 x = \dfrac{1}{\cos^2 x}$
x^x	$x^x(\ln x + 1)$	$\cot x$	$-1 - \cot^2 x = -\dfrac{1}{\sin^2 x}$
e^x	e^x	$\arcsin x$	$\dfrac{1}{\sqrt{1-x^2}}$
a^x	$a^x \ln a$	$\arccos x$	$-\dfrac{1}{\sqrt{1-x^2}}$
$\text{arccot } x$	$-\dfrac{1}{1+x^2}$	$\arctan x$	$\dfrac{1}{1+x^2}$
$\sinh x$	$\cosh x$	$\cosh x$	$\sinh x$
$\tanh x$	$1 - \tanh^2 x$	$\coth x$	$1 - \coth^2 x$
$\text{arsinh} x$	$\dfrac{1}{\sqrt{1+x^2}}$	$\text{arcosh} x$	$\dfrac{1}{\sqrt{x^2-1}}$
$\text{artanh} x$	$\dfrac{1}{1-x^2}$	$\text{arcoth} x$	$-\dfrac{1}{x^2-1}$

Abb. 3.1 Das Differenzial
einer Funktion

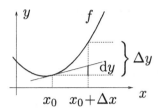

3.3   Das Differenzial einer Funktion

Für eine an der Stelle x_0 differenzierbare Funktion f gilt die Beziehung $\Delta y = f(x_0 + \Delta x) - f(x_0) = f'(x_0) \cdot \Delta x + o(\Delta x)$ mit $\lim\limits_{\Delta x \to 0} \frac{o(\Delta x)}{\Delta x} = 0$, wobei $o(\cdot)$ das *Landau'sche Symbol* bezeichnet:

Der Ausdruck $dy = f'(x_0) \cdot \Delta x$ bzw. $dy = f'(x_0) \cdot dx$ heißt *Differenzial* der Funktion f im Punkt x_0. Er stellt den Hauptanteil der Funktionswertänderung bei Änderung des Argumentes x_0 um Δx dar, d. h., es gilt $\Delta f(x_0) \approx f'(x_0) \cdot \Delta x$ (vgl. Abb. 3.1).

3.4   Taylorentwicklung

f heißt *n-mal differenzierbar,* wenn die Ableitungen $f', f'' := (f')', f''' := (f'')',$ ..., $f^{(n)} := (f^{(n-1)})'$ existieren; $f^{(n)}$ wird *n-te Ableitung* oder *Ableitung n-ter Ordnung* von f genannt. Mit $f^{(0)}$ wird die Funktion f selbst bezeichnet.

Satz von Taylor Die Funktion f sei $(n + 1)$-mal in einer Umgebung $U_\varepsilon(x_0)$ von x_0 differenzierbar; $x \in U_\varepsilon(x_0)$. Dann gibt es eine zwischen x_0 und x gelegene Zahl ξ, für die gilt

$$f(x) = f(x_0) + \frac{f'(x_0)}{1!} \cdot (x - x_0) + \frac{f''(x_0)}{2!} \cdot (x - x_0)^2 + \ldots$$
$$+ \frac{f^{(n)}(x_0)}{n!} \cdot (x - x_0)^n + \frac{f^{(n+1)}(\xi)}{(n+1)!} \cdot (x - x_0)^{n+1}$$

Der letzte Summand (= *Restglied*) gibt den Fehler an, wenn man $f(x)$ durch obige Polynomfunktion n-ten Grades ersetzt.

Taylorentwicklung ausgewählter Funktionen (in $x_0 = 0$)

Funktion	Taylorpolynom
e^x	$1 + x + \dfrac{x^2}{2!} + \dfrac{x^3}{3!} + \ldots + \dfrac{x^n}{n!} + \ldots$
a^x	$1 + \dfrac{\ln a}{1!} x + \dfrac{\ln^2 a}{2!} x^2 + \ldots + \dfrac{\ln^n a}{n!} x^n + \ldots$
$\sin x$	$x - \dfrac{x^3}{3!} + \dfrac{x^5}{5!} \mp \ldots + (-1)^{n-1} \dfrac{x^{2n-1}}{(2n-1)!} + \ldots$
$\cos x$	$1 - \dfrac{x^2}{2!} + \dfrac{x^4}{4!} \mp \ldots + (-1)^n \dfrac{x^{2n}}{(2n)!} + \ldots$
$\ln(1+x)$	$x - \dfrac{x^2}{2} + \dfrac{x^3}{3} \mp \ldots + (-1)^{n-1} \dfrac{x^n}{n}$
$\dfrac{1}{1+x}$	$1 - x + x^2 - x^3 \pm \ldots + (-1)^n x^n + \ldots$
$(1+x)^\alpha$	$1 + \dbinom{\alpha}{1} x + \dbinom{\alpha}{2} x^2 + \ldots + \dbinom{\alpha}{n} x^n + \ldots$
$\arcsin x$	$x + \dfrac{1}{2 \cdot 3} x^3 + \dfrac{1 \cdot 3}{2 \cdot 4 \cdot 5} x^5 + \dfrac{1 \cdot 3 \cdot 5}{2 \cdot 4 \cdot 6 \cdot 7} x^7 + \ldots$
$\arccos x$	$\dfrac{\pi}{2} - x - \dfrac{1}{2 \cdot 3} x^3 - \dfrac{1 \cdot 3}{2 \cdot 4 \cdot 5} x^5 - \ldots$
$\arctan x$	$x - \dfrac{1}{3} x^3 + \dfrac{1}{5} x^5 - \dfrac{1}{7} x^7 + \dfrac{1}{9} x^9 - \dfrac{1}{11} x^{11} \pm \ldots$
$\sinh x$	$x + \dfrac{1}{3!} x^3 + \dfrac{1}{5!} x^5 + \ldots + \dfrac{1}{(2n+1)!} x^{2n+1} + \ldots$
$\cosh x$	$1 + \dfrac{1}{2!} x^2 + \dfrac{1}{4!} x^4 + \ldots + \dfrac{1}{(2n)!} x^{2n} + \ldots$
$e^{-x^2/2}$	$1 - \dfrac{1}{1! \cdot 2^1} x^2 + \dfrac{1}{2! \cdot 2^2} x^4 - \dfrac{1}{3! \cdot 2^3} x^6 \pm \ldots$

3.5 Eigenschaften von Funktionen einer Veränderlichen

Monotonie

f sei im Intervall $I = [a, b]$ definiert und differenzierbar.

$f'(x) = 0$	$\forall x \in I$	$\Longleftrightarrow$	f konstant auf I
$f'(x) \geq 0$	$\forall x \in I$	$\Longleftrightarrow$	f monoton wachsend auf I
$f'(x) \leq 0$	$\forall x \in I$	$\Longleftrightarrow$	f monoton fallend auf I
$f'(x) > 0$	$\forall x \in I$	$\Longrightarrow$	f streng monoton wachsend auf I
$f'(x) < 0$	$\forall x \in I$	$\Longrightarrow$	f streng monoton fallend auf I

Extremaleigenschaften

$f'(\bar{x}) = 0$	notwendig für Extremum in $\bar{x}$
$f'(\bar{x}) = 0 \wedge f''(\bar{x}) > 0$	hinreichend für Minimum in $\bar{x}$
$f'(\bar{x}) = 0 \wedge f''(\bar{x}) < 0$	hinreichend für Maximum in $\bar{x}$

Ist $f : [a, b] \to \mathbb{R}$ differenzierbar in a und b, so gilt:

$f'(a) > 0$	$\Longrightarrow$	lokales Minimum in a
$f'(a) < 0$	$\Longrightarrow$	lokales Maximum in a
$f'(b) < 0$	$\Longrightarrow$	lokales Minimum in b
$f'(b) > 0$	$\Longrightarrow$	lokales Maximum in b

Krümmungseigenschaften

f sei im Intervall (a, b) zweimal differenzierbar.

$$f''(x) \geq 0 \quad \forall x \in (a,b) \qquad \Longleftrightarrow \qquad f \text{ konvex in } (a,b)$$
$$f''(x) \leq 0 \quad \forall x \in (a,b) \qquad \Longleftrightarrow \qquad f \text{ konkav in } (a,b)$$
$$f''(x_w) = 0 \qquad\qquad\qquad\quad\text{notwendig für Wendepunkt in } x_w$$
$$f''(x_w) = 0 \wedge f'''(x_w) \neq 0 \quad\text{hinreichend für Wendepunkt in } x_w$$

3.6   Funktionen mehrerer Veränderlicher

Eine eineindeutige Abbildung, die jedem Vektor $x = (x_1, x_2, \ldots, x_n)^\top \in D_f \subseteq \mathbb{R}^n$ eine reelle Zahl $f(x) = f(x_1, x_2, \ldots, x_n)$ zuordnet, wird *Funktion mehrerer (reeller) Veränderlicher* genannt. Schreibweise: $f : \mathbb{R}^n \to \mathbb{R}$.

Grafische Darstellung Funktionen $y = f(x_1, x_2)$ zweier unabhängiger Variabler x_1, x_2 lassen sich in einem dreidimensionalen (x_1, x_2, y)-Koordinatensystem räumlich darstellen. Die aus den Punkten (x_1, x_2, y) bestehende Menge bildet eine *Fläche*, falls die Funktion f stetig ist (vgl. Abb. 3.2). Die Menge der Punkte (x_1, x_2) mit $f(x_1, x_2) = C = $ const heißt *Höhenlinie (Niveaulinie)* der Funktion f zur Höhe C. Diese Linien sind in der x_1, x_2-Ebene gelegen.

Begriff der Differenzierbarkeit. Die Funktion $f : \mathbb{R}^n \to \mathbb{R}$, $D_f \subseteq \mathbb{R}^n$, heißt *(vollständig) differenzierbar im Punkt* x_0, wenn es einen Vektor $g(x_0)$ gibt, für den gilt:

Abb. 3.2 Funktionswerte einer Funktion zweier Veränderlicher

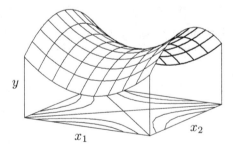

$$\lim_{\Delta x \to 0} \frac{f(x_0 + \Delta x) - f(x_0) - \langle g(x_0), \Delta x \rangle}{\|\Delta x\|} = 0$$

Existiert ein solcher Vektor $g(x_0)$, so wird er *Gradient* genannt und mit $\nabla f(x_0)$ oder grad $f(x_0)$ bezeichnet. Die Funktion f heißt *differenzierbar* auf D_f, wenn sie in allen Punkten $x \in D_f$ differenzierbar ist. Hierbei bezeichnen $\langle \cdot, \cdot \rangle$ das Skalarprodukt und $\|z\| = \sqrt{\sum_{i=1}^{n} z_i^2}$ die Norm des Vektors $z = (z_1, \dots, z_n)^\top \in \mathbb{R}^n$.

Partielle Ableitungen Existiert für die Funktion $f : \mathbb{R}^n \to \mathbb{R}$ im Punkt $x_0 = (x_1^0, \dots, x_n^0)^\top$ der Grenzwert

$$\lim_{\Delta x_i \to 0} \frac{f(x_1^0, \dots, x_{i-1}^0, x_i^0 + \Delta x_i, x_{i+1}^0, \dots, x_n^0) - f(x_1^0, \dots, x_n^0)}{\Delta x_i}$$

so heißt er *partielle Ableitung* der Funktion f nach der Variablen x_i im Punkt x_0 und wird mit $\frac{\partial y}{\partial x_i}$, $f_{x_i}(x_0)$ oder $\partial_{x_i} f$ bezeichnet.

Rechenregel Bei der Berechnung der partiellen Ableitungen werden alle Variablen, nach denen nicht abgeleitet wird, als konstant betrachtet. Dabei sind die entsprechenden Differenziationsregeln für Funktionen einer Veränderlichen (insbesondere die Regeln für die Differenziation eines konstanten Summanden und eines konstanten Faktors) anzuwenden.

Gradient Ist $f : \mathbb{R}^n \to \mathbb{R}$ auf $\mathbb{R}^n$ stetig partiell differenzierbar, so ist f dort auch vollständig differenzierbar, wobei der Gradient $\nabla f(x)$ der aus den partiellen Ableitungen gebildete Spaltenvektor ist:

$$\nabla f(x) = \text{grad} f(x) = \left(\frac{\partial f(x)}{\partial x_1}, \dots, \frac{\partial f(x)}{\partial x_n} \right)^\top$$

Kettenregel Die Funktionen $u_k = g_k(x_1, \dots, x_n)$, $k = 1, \dots, m$, von n Veränderlichen seien an der Stelle $x = (x_1, \dots, x_n)^\top$ und die Funktion f von m Veränderlichen an der Stelle $u = (u_1, \dots, u_m)^\top$ vollständig differenzierbar. Dann ist die mittelbare Funktion

$$F(x_1, \dots, x_n) = f(g_1(x_1, \dots, x_n), \dots, g_m(x_1, \dots, x_n))$$

an der Stelle x vollständig differenzierbar, und es gilt

$$\frac{\partial F(x)}{\partial x_i} = \sum_{k=1}^{m} \frac{\partial f}{\partial u_k}(g(x)) \cdot \frac{\partial g_k}{\partial x_i}(x)$$

Spezialfall $m = n = 2$, d.h. $f(u, v)$ mit $u = u(x, y)$, $v = v(x, y)$

$$\frac{\partial f}{\partial x} = \frac{\partial f}{\partial u} \cdot \frac{\partial u}{\partial x} + \frac{\partial f}{\partial v} \cdot \frac{\partial v}{\partial x}, \qquad \frac{\partial f}{\partial y} = \frac{\partial f}{\partial u} \cdot \frac{\partial u}{\partial y} + \frac{\partial f}{\partial v} \cdot \frac{\partial v}{\partial y}$$

Partielle Ableitungen zweiter Ordnung Diese werden (sofern existent) aus den partiellen Ableitung der partielle Ableitungen erster Ordnung gebildet:

$$\frac{\partial^2 f(x)}{\partial x_i \partial x_j} = f_{x_i x_j}(x) = \frac{\partial}{\partial x_j}\left(\frac{\partial f(x)}{\partial x_i}\right)$$

Satz von Schwarz Sind die partiellen Ableitungen $f_{x_i x_j}$ und $f_{x_j x_i}$ in einer Umgebung des Punktes x stetig, so kann die Reihenfolge der Differentiation vertauscht werden: $\boxed{f_{x_i x_j}(x) = f_{x_j x_i}(x)}$

Hesse-Matrix:

$$H(x) = \begin{pmatrix} f_{x_1 x_1}(x) & f_{x_1 x_2}(x) & \cdots & f_{x_1 x_n}(x) \\ f_{x_2 x_1}(x) & f_{x_2 x_2}(x) & \cdots & f_{x_2 x_n}(x) \\ \cdots\cdots\cdots\cdots\cdots\cdots\cdots\cdots\cdots \\ f_{x_n x_1}(x) & f_{x_n x_2}(x) & \cdots & f_{x_n x_n}(x) \end{pmatrix}$$

Bei Gültigkeit der Voraussetzungen des Satzes von Schwarz ist die Hesse-Matrix symmetrisch.

Vollständiges Differenzial Ist die Funktion $f : \mathbb{R}^n \to \mathbb{R}$ vollständig differenzierbar an der Stelle x_0, so gilt

$$\Delta f(x_0) = f(x_0 + \Delta x) - f(x_0) = \langle \nabla f(x_0), \Delta x \rangle + o(\|\Delta x\|)$$

Hierbei gilt $\lim_{\Delta x \to 0} \frac{o(\|\Delta x\|)}{\|\Delta x\|} = 0$ und $\|\Delta x\|$ ist die Norm von x.

Das vollständige Differenzial der Funktion f im Punkt x_0

$$df(x_0) = \langle \nabla f(x_0), \Delta x \rangle = \frac{\partial f}{\partial x_1}(x_0)\Delta x_1 + \ldots + \frac{\partial f}{\partial x_n}(x_0)\Delta x_n$$

beschreibt die hauptsächliche Änderung des Funktionswertes bei Änderung der n Komponenten x_i der unabhängigen Variablen um Δx_i, $i = 1, \ldots, n$, d. h., es gilt $df(x_0) \approx \Delta f(x_0)$ (lineare Approximation).

Integralrechnung 4

4.1 Unbestimmtes Integral

Gilt für eine Funktion $F : (a, b) \to \mathbb{R}$ die Beziehung $F'(x) = f(x)$ für alle $x \in (a, b)$, so heißt F *Stammfunktion* der Funktion $f : (a, b) \to \mathbb{R}$. Die Menge aller Stammfunktionen $\{F + C \mid C \in \mathbb{R}\}$ wird *unbestimmtes Integral* von f auf (a, b) genannt; C ist die Integrationskonstante. Man schreibt: $\int f(x)\,dx = F(x) + C$.

Integrationsregeln

Konstanter Faktor:
$$\int \lambda f(x)\,dx = \lambda \int f(x)\,dx, \ \lambda \in \mathbb{R}$$

Summe, Differenz:
$$\int [f(x) \pm g(x)]\,dx = \int f(x)\,dx \pm \int g(x)\,dx$$

Partielle Integration:
$$\int u(x)v'(x)\,dx = u(x)v(x) - \int u'(x)v(x)\,dx$$

Substitution (Wechsel der Variablen):
$$\int f(g(x)) \cdot g'(x)\,dx = \int f(z)\,dz, \qquad z = g(x)$$

Speziell: $f(z) = \frac{1}{z}$:
$$\int \frac{g'(x)}{g(x)}\,dx = \ln|g(x)| + C, \qquad g(x) \neq 0$$

Lineare Substitution:
$$\int f(ax + b)\,dx = \frac{1}{a} \cdot F(ax + b) + C$$
$(a, b \in \mathbb{R}, \ a \neq 0, \ F$ ist eine Stammfunktion von $f)$

© Der/die Autor(en), exklusiv lizenziert durch Springer Fachmedien Wiesbaden GmbH, ein Teil von Springer Nature 2021
B. Luderer, *Formeln und Begriffe der Analysis*, essentials,
https://doi.org/10.1007/978-3-658-33690-5_4

4.2   Tabellen wichtiger unbestimmter Integrale

Die Integrationskonstante wird stets weggelassen.

Potenzfunktionen

$$\int x^n \, \mathrm{d}x = \frac{x^{n+1}}{n+1}$$ $n \in \mathbb{Z}, \ n \neq -1, \ x \neq 0 \ \text{für} \ n < 0$
bzw. $n \in \mathbb{R}, \ n \neq -1, \ x > 0$

$$\int \frac{1}{x} \, \mathrm{d}x = \ln|x|$$ $x \neq 0$

Exponential- und Logarithmusfunktionen

$$\int a^x \, \mathrm{d}x = \frac{a^x}{\ln a}$$ $a \in \mathbb{R}, \ a > 0, \ a \neq 1$

$$\int \mathrm{e}^x \, \mathrm{d}x = \mathrm{e}^x$$

$$\int \ln x \, \mathrm{d}x = x \ln x - x$$ $x > 0$

Trigonometrische Funktionen

$$\int \sin x \, dx = -\cos x \qquad\qquad \int \cos x \, dx = \sin x$$

$$\int \tan x \, dx = -\ln|\cos x| \qquad\qquad x \neq (2k+1)\tfrac{\pi}{2}$$

$$\int \cot x \, dx = \ln|\sin x| \qquad\qquad x \neq k\pi$$

$$\int \frac{1}{\cos^2 x} \, dx = \tan x \qquad\qquad x \neq (2k+1)\tfrac{\pi}{2}$$

$$\int \frac{1}{\sin^2 x} \, dx = -\cot x \qquad\qquad x \neq k\pi$$

Arkusfunktionen

$$\int \arcsin x \, dx = x \arcsin x + \sqrt{1-x^2} \qquad\qquad |x| \leq 1$$

$$\int \arccos x \, dx = x \arccos x - \sqrt{1-x^2} \qquad\qquad |x| \leq 1$$

$$\int \arctan x \, dx = x \arctan x - \frac{1}{2}\ln(1+x^2)$$

$$\int \text{arccot}\, x \, dx = x \,\text{arccot}\, x + \frac{1}{2}\ln(1+x^2)$$

Rationale Funktionen

$$\int \frac{1}{1+x^2}\,dx = \arctan x$$

$$\int \frac{1}{1-x^2}\,dx = \ln\sqrt{\frac{1+x}{1-x}} \qquad |x| < 1$$

$$\int \frac{1}{x^2-1}\,dx = \ln\sqrt{\frac{x-1}{x+1}} \qquad |x| > 1$$

Irrationale Funktionen

$$\int \frac{1}{\sqrt{1-x^2}}\,dx = \arcsin x \qquad |x| < 1$$

$$\int \frac{1}{\sqrt{1+x^2}}\,dx = \ln(x+\sqrt{x^2+1}) = \operatorname{arcsinh} x$$

$$\int \frac{1}{\sqrt{x^2-1}}\,dx = \ln(x+\sqrt{x^2-1}) \qquad |x| > 1$$

Hyperbelfunktionen

$$\int \sinh x\,dx = \cosh x \qquad\qquad \int \cosh x\,dx = \sinh x$$

$$\int \tanh x\,dx = \ln\cosh x$$

$$\int \coth x\,dx = \ln|\sinh x| \qquad\qquad x \neq 0$$

Areafunktionen

$$\int \operatorname{arsinh} x \, \mathrm{d}x = x \operatorname{arsinh} x - \sqrt{1 + x^2}$$

$$\int \operatorname{arcosh} x \, \mathrm{d}x = x \operatorname{arcosh} x - \sqrt{x^2 - 1} \qquad\qquad x > 1$$

$$\int \operatorname{artanh} x \, \mathrm{d}x = x \operatorname{artanh} x + \frac{1}{2} \ln(1 - x^2) \qquad\qquad |x| < 1$$

$$\int \operatorname{arcoth} x \, \mathrm{d}x = x \operatorname{arcoth} x + \frac{1}{2} \ln(x^2 - 1) \qquad\qquad |x| > 1$$

4.3   Nicht geschlossen darstellbare Integrale

$$\int \mathrm{e}^{-x^2} \, \mathrm{d}x \qquad\qquad \int \sin x^2 \, \mathrm{d}x \qquad\qquad \int \cos x^2 \, \mathrm{d}x$$

$$\int \frac{\sin x}{x} \, \mathrm{d}x = \operatorname{si} x \qquad\qquad\qquad \text{(Integralsinus)}$$

$$\int \frac{\cos x}{x} \, \mathrm{d}x = \operatorname{ci} x \qquad\qquad\qquad \text{(Integralkosinus)}$$

$$\int \frac{1}{\ln x} \, \mathrm{d}x = \int \frac{\mathrm{e}^y}{y} \, \mathrm{d}y = \operatorname{li} x \qquad\qquad \text{(Integrallogarithmus)}$$

4.4   Integration gebrochen rationaler Funktionen

$$\int \frac{a_m x^m + a_{m-1} x^{m-1} + \ldots + a_1 x + a_0}{b_n x^n + b_{n-1} x^{n-1} + \ldots + b_1 x + b_0} \, \mathrm{d}x$$

Mithilfe von Polynomdivision und Partialbruchzerlegung (durch Koeffizientenvergleich) kann man die Integrale gebrochen rationaler Funktionen auf solche über

Polynome und spezielle Partialbrüche zurückführen. Die wichtigsten Fälle letzterer besitzen folgende Integrale (Voraussetzungen: $x - a \neq 0$, $k > 1$, $p^2 < 4q$):

$$\int \frac{1}{x-a}\, \mathrm{d}x = \ln|x-a|$$

$$\int \frac{1}{(x-a)^k}\, \mathrm{d}x = -\frac{1}{(k-1)(x-a)^{k-1}}$$

$$\int \frac{\mathrm{d}x}{x^2+px+q} = \frac{2}{\sqrt{4q-p^2}} \cdot \arctan \frac{2x+p}{\sqrt{4q-p^2}}$$

$$\int \frac{Ax+B}{x^2+px+q}\, \mathrm{d}x = \frac{A}{2}\ln(x^2+px+q)$$
$$+ \left(B - \frac{1}{2}Ap\right) \int \frac{\mathrm{d}x}{x^2+px+q}$$

$$\int \frac{1}{(x^2+px+q)^{n+1}}\, \mathrm{d}x = \frac{1}{n(4q-p^2)} \cdot$$
$$\cdot \left[\frac{2x+p}{(x^2+px+q)^n} + (4n-2)\int \frac{1}{(x^2+px+q)^n}\, \mathrm{d}x\right]$$

$$\int \frac{Ax+B}{(x^2+px+q)^n}\, \mathrm{d}x = -\frac{A}{2(n-1)(x^2+px+q)^{n-1}}$$
$$+ \left(B - \tfrac{1}{2}Ap\right) \cdot \int \frac{1}{(x^2+px+q)^n}\, \mathrm{d}x$$

4.5 Einige nützliche Substitutionen

Integrand	Bedingung	Substitution
$\sin^n x \cos^m x$	m ungerade	$t = \sin x,\ \cos^2 x = 1 - t^2$
$\sin^n x \cos^m x$	n ungerade	$t = \cos x,\ \sin^2 x = 1 - t^2$
$\sin^n x \cos^m x$	n, m gerade	$t = \tan x, \sin^2 x = \dfrac{t^2}{1 + t^2}$
$R(x, \sqrt[n]{ax + b})^*$		$x = \dfrac{1}{a}(t^n - b)$
$R(e^x)$		$t = e^x$
$R(x, \sqrt{x^2 + a^2})$	$a \neq 0$	$x = a \cdot \sinh t$
$R(x, \sqrt{x^2 - a^2})$	$a \neq 0$	$x = a \cdot \cosh t$
$R(x, \sqrt{a^2 - x^2})$	$a \neq 0$	$x = a \cdot \sin t$
$R(x, \sqrt{D})^{**}$	$a > 0$	$\sqrt{D} = t - \sqrt{a}x$
$R(x, \sqrt{D})$	$c > 0$	$\sqrt{D} = xt + \sqrt{c}$
$R(x, \sqrt{D})$	***	$\sqrt{D} = t(x - x_1)$
$R(\sinh x, \cosh x)$		$t = e^x$
$R(\sin x, \cos x)$		$t = \tan \dfrac{x}{2}, \sin x = \dfrac{2t}{1 + t^2}$
$R\left(x, \sqrt[n]{\dfrac{ax + b}{cx + d}}\right)$		$t = \sqrt[n]{\dfrac{ax + b}{cx + d}}$

*$R(u,v)$ sei eine rationale Funktion von u und v.
**$D = ax^2 + bx + c$.
***D besitzt verschiedene reelle Wurzeln, darunter x_1.

4.6   Integrale rationaler und irrationaler Funktionen

$$\int (ax+b)^n \, \mathrm{d}x = \frac{(ax+b)^{n+1}}{a(n+1)} \qquad\qquad (n \neq -1)$$

$$\int \frac{1}{ax+b} \, \mathrm{d}x = \frac{1}{a} \ln |ax+b|$$

$$\int \frac{ax+b}{fx+g} \, \mathrm{d}x = \frac{ax}{f} + \frac{bf-ag}{f^2} \cdot \ln |fx+g|$$

$$\int \frac{x \, \mathrm{d}x}{ax^2+bx+c} = \frac{1}{2a} \cdot \ln |ax^2+bx+c| - \frac{b}{2a} \cdot \int \frac{\mathrm{d}x}{ax^2+bx+c}$$

$$\int \frac{\mathrm{d}x}{(a^2 \pm x^2)^{n+1}} = \frac{x}{2na^2(a^2 \pm x^2)^n} + \frac{2n-1}{2na^2} \cdot \int \frac{\mathrm{d}x}{(a^2 \pm x^2)^n}$$

$$\int \frac{\mathrm{d}x}{a^3 \pm x^3} = \pm \frac{1}{6a^2} \cdot \ln \frac{(a \pm x)^2}{a^2 \mp ax + x^2} + \frac{1}{a^2\sqrt{3}} \cdot \arctan \frac{2x \mp a}{a\sqrt{3}}$$

$$\int \sqrt{(ax+b)^n} \, \mathrm{d}x = \frac{2}{a(2+n)} \cdot \sqrt{(ax+b)^{n+2}} \qquad\qquad (n \neq -2)$$

$$\int \frac{\mathrm{d}x}{x\sqrt{ax+b}} = \begin{cases} \dfrac{1}{\sqrt{b}} \cdot \ln \left| \dfrac{\sqrt{ax+b}-\sqrt{b}}{\sqrt{ax+b}+\sqrt{b}} \right| & \text{für } b > 0 \\[4mm] \dfrac{2}{\sqrt{-b}} \cdot \arctan \sqrt{\dfrac{ax+b}{-b}} & \text{für } b < 0 \end{cases}$$

$$\int \frac{\sqrt{ax+b}}{x} \, \mathrm{d}x = 2\sqrt{ax+b} + b \cdot \int \frac{\mathrm{d}x}{x\sqrt{ax+b}}$$

$$\int \sqrt{a^2 - x^2}\, dx = \frac{1}{2}\left(x\sqrt{a^2 - x^2} + a^2 \arcsin \frac{x}{a}\right)$$

$$\int x\sqrt{a^2 - x^2}\, dx = -\frac{1}{3}\sqrt{(a^2 - x^2)^3}$$

$$\int \frac{1}{\sqrt{a^2 - x^2}}\, dx = \arcsin \frac{x}{a}$$

$$\int \frac{x}{\sqrt{a^2 - x^2}}\, dx = -\sqrt{a^2 - x^2} \qquad\qquad (|x| < |a|)$$

$$\int \sqrt{x^2 + a^2}\, dx = \frac{1}{2}\left(x\sqrt{x^2 + a^2} + a^2 \ln(x + \sqrt{x^2 + a^2})\right)$$

$$\int x\sqrt{x^2 + a^2}\, dx = \frac{1}{3}\sqrt{(x^2 + a^2)^3}$$

$$\int \frac{1}{\sqrt{x^2 + a^2}}\, dx = \ln\left(x + \sqrt{x^2 + a^2}\right)$$

$$\int \frac{x}{\sqrt{x^2 + a^2}}\, dx = \sqrt{x^2 + a^2}$$

$$\int \sqrt{x^2 - a^2}\, dx = \frac{1}{2}\left(x\sqrt{x^2 - a^2} - a^2 \ln(x + \sqrt{x^2 - a^2})\right)$$

$$\int x\sqrt{x^2 - a^2}\, dx = \frac{1}{3}\sqrt{(x^2 - a^2)^3} \qquad\qquad (|x| \geq |a|)$$

$$\int \frac{1}{\sqrt{x^2 - a^2}}\, dx = \ln\left(x + \sqrt{x^2 - a^2}\right) \qquad\qquad (|x| \geq |a|)$$

$$\int \frac{x}{\sqrt{x^2 - a^2}}\, dx = \sqrt{x^2 - a^2} \qquad\qquad (|x| \geq |a|)$$

4.7   Integrale trigonometrischer Funktionen

$$\int \sin ax \, \mathrm{d}x = -\frac{1}{a} \cos ax$$

$$\int \sin^2 ax \, \mathrm{d}x = \frac{1}{2}x - \frac{1}{4a} \sin 2ax$$

$$\int \sin^n ax \, \mathrm{d}x = -\frac{1}{na} \sin^{n-1} ax \cos ax$$
$$+ \frac{n-1}{n} \cdot \int \sin^{n-2} ax \, \mathrm{d}x \qquad (n \in \mathbb{N})$$

$$\int x \sin ax \, \mathrm{d}x = \frac{1}{a^2} \sin ax - \frac{1}{a}x \cos ax$$

$$\int x^n \sin ax \, \mathrm{d}x = -\frac{1}{a}x^n \cos ax + \frac{n}{a} \cdot \int x^{n-1} \cos ax \, \mathrm{d}x \qquad (n \in \mathbb{N})$$

$$\int \frac{1}{\sin ax} \, \mathrm{d}x = \frac{1}{a} \cdot \ln \left| \tan \frac{ax}{2} \right| \qquad (n \in \mathbb{N})$$

$$\int \frac{\mathrm{d}x}{\sin^n ax} = -\frac{\cos ax}{a(n-1) \sin^{n-1} ax} + \frac{n-2}{n-1} \cdot \int \frac{\mathrm{d}x}{\sin^{n-2} ax}$$
$$(n > 1)$$

$$\int \cos ax \, \mathrm{d}x = \frac{1}{a} \sin ax$$

$$\int \cos^2 ax \, \mathrm{d}x = \frac{1}{2}x + \frac{1}{4a} \sin 2ax$$

$$\int \cos^n ax \, \mathrm{d}x = \frac{1}{na} \sin ax \cos^{n-1} ax + \frac{n-1}{n} \cdot \int \cos^{n-2} ax \, \mathrm{d}x$$

$$\int x^n \cos ax \, \mathrm{d}x = \frac{1}{a}x^n \sin ax - \frac{n}{a} \cdot \int x^{n-1} \sin ax \, \mathrm{d}x$$

$$\int \frac{\mathrm{d}x}{\cos ax} = \frac{1}{a} \ln \left| \tan \left(\frac{ax}{2} + \frac{\pi}{4} \right) \right|$$

$$\int \frac{\mathrm{d}x}{\cos^n ax} = \frac{1}{n-1}\left[\frac{\sin ax}{a\cos^{n-1} ax} + (n-2)\int \frac{\mathrm{d}x}{\cos^{n-2} ax}\right] \quad (n > 1)$$

$$\int \sin ax \cdot \cos ax \, \mathrm{d}x = \frac{1}{2a}\sin^2 ax$$

$$\int \tan ax \, \mathrm{d}x = -\frac{1}{a}\ln|\cos ax|$$

$$\int \tan^n ax \, \mathrm{d}x = \frac{1}{a(n-1)}\tan^{n-1} ax - \int \tan^{n-2} ax \, \mathrm{d}x \quad (n \neq 1)$$

$$\int \cot ax \, \mathrm{d}x = \frac{1}{a}\ln|\sin ax|$$

$$\int \cot^n ax \, \mathrm{d}x = -\frac{1}{a(n-1)}\cot^{n-1} ax - \int \cot^{n-2} ax \, \mathrm{d}x \quad (n \neq 1)$$

4.8   Integrale von Exponential- und Logarithmusfunktionen

$$\int e^{ax}\,dx = \frac{1}{a}e^{ax}$$

$$\int x^n e^{ax}\,dx = \frac{1}{a}x^n e^{ax} - \frac{n}{a}\cdot\int x^{n-1}e^{ax}\,dx$$

$$\int \ln ax\,dx = x\ln ax - x$$

$$\int \frac{(\ln x)^n}{x}\,dx = \frac{1}{n+1}\cdot(\ln x)^{n+1}$$

$$\int \frac{1}{a+b\cdot e^{cx}}\,dx = \frac{x}{a} - \frac{1}{ac}\cdot\ln\left(a+b\cdot e^{cx}\right)$$

4.9   Bestimmtes Integral

Die Fläche A, die im Intervall $[a, b]$ zwischen der x-Achse und dem Graphen der beschränkten Funktion f liegt, kann näherungsweise durch Summanden der Form $\sum_{i=1}^{n} f(\xi_i^{(n)})\cdot\left[x_i^{(n)} - x_{i-1}^{(n)}\right]$ gebildet werden, wobei $a = x_0^{(n)} \le x_1^{(n)} \le \dots \le x_n^{(n)} = b$ gilt und die Punkte $\xi_i^{(n)} \in [x_{i-1}^{(n)}, x_i^{(n)}]$ willkürlich gewählt werden (s. Abb. 4.1). Durch die Grenzübergänge $n \to \infty$ und $x_i^{(n)} - x_{i-1}^{(n)} \to 0$ entsteht unter gewissen Voraussetzungen das *bestimmte Integral* der Funktion f über dem Intervall $[a, b]$,

das gleich der Maßzahl der Fläche A ist:
$$\int_a^b f(x)\,dx = A$$

Eine Funktion, für die der oben beschriebene Grenzwert existiert, wird *integrierbar* genannt. Das bedeutet **nicht** automatisch, dass es zu dieser Funktion eine Stammfunktion gibt.

Ist f stetig auf $[a, b]$, so ist $\int_a^x f(t)\,dt$ für $x \in [a, b]$ eine differenzierbare Funktion (*Integral mit variabler oberer Grenze*), und es gilt:

Abb. 4.1 Bestimmtes
Integral als Grenzwert

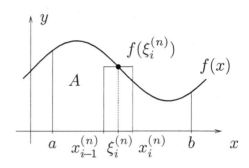

$$F(x) = \int_a^x f(t)\,\mathrm{d}t \quad \Longrightarrow \quad F'(x) = f(x)$$

Eigenschaften und Rechenregeln ($\lambda \in \mathbb{R}$, $a < b$)

$$\int_a^a f(x)\,\mathrm{d}x = 0 \qquad\qquad \int_a^b f(x)\,\mathrm{d}x = -\int_b^a f(x)\,\mathrm{d}x$$

$$\int_a^b [f(x) \pm g(x)]\,\mathrm{d}x = \int_a^b f(x)\,\mathrm{d}x \pm \int_a^b g(x)\,\mathrm{d}x$$

$$\int_a^b \lambda f(x)\,\mathrm{d}x = \lambda \int_a^b f(x)\,\mathrm{d}x, \qquad \left| \int_a^b f(x)\,\mathrm{d}x \right| \leq \int_a^b |f(x)|\,\mathrm{d}x$$

$$\int_a^b f(x)\,\mathrm{d}x = \int_a^c f(x)\,\mathrm{d}x + \int_c^b f(x)\,\mathrm{d}x$$

Hauptsatz der Differenzial- und Integralrechnung
Ist f auf $[a, b]$ stetig und F eine Stammfunktion von f auf $[a, b]$, so gilt

$$\int_a^b f(x)\,\mathrm{d}x = F(b) - F(a)$$

4.10   Uneigentliche Integrale

Unbeschränkter Integrand

Die Funktion f habe an der Stelle $x = b$ eine Polstelle und sei beschränkt und integrierbar über jedem Intervall $[a, b - \varepsilon]$ mit $0 < \varepsilon < b-a$. Wenn das Integral von f über $[a, b-\varepsilon]$ für $\varepsilon \to 0$ einen Grenzwert besitzt, wird dieser *uneigentliches Integral* von f über $[a, b]$ genannt:

$$\int_a^b f(x)\,\mathrm{d}x = \lim_{\varepsilon \to +0} \int_a^{b-\varepsilon} f(x)\,\mathrm{d}x.$$

Ist $x = a$ eine Polstelle von f, so gilt analog:

$$\int_a^b f(x)\,\mathrm{d}x = \lim_{\varepsilon \to +0} \int_{a+\varepsilon}^b f(x)\,\mathrm{d}x.$$

Unbeschränktes Intervall

Die Funktion f sei für $x \geq a$ definiert und über jedem Intervall $[a, b]$ integrierbar. Wenn der Grenzwert des Integrals von f über $[a, b]$ für $b \to \infty$ existiert, so wird er *uneigentliches Integral* von f über $[a, \infty)$ genannt (analog für $a \to -\infty$):

$$\int_a^\infty f(x)\,\mathrm{d}x = \lim_{b \to \infty} \int_a^b f(x)\,\mathrm{d}x, \qquad \int_{-\infty}^b f(x)\,\mathrm{d}x = \lim_{a \to -\infty} \int_a^b f(x)\,\mathrm{d}x.$$

4.11   Parameterintegrale

Ist $f(x, t)$ für $a \leq x \leq b, c \leq t \leq d$ für festes t bezüglich x über $[a, b]$ integrierbar, so ist $F(t) = \int_a^b f(x, t)\,\mathrm{d}x$ eine Funktion von t, die als *Parameterintegral* (mit dem Parameter t) bezeichnet wird.

Differenziation unter dem Integralzeichen

Ist f nach t partiell differenzierbar und die partielle Ableitung f_t stetig, so ist die Funktion F (nach t) differenzierbar, und es gilt

$$\dot{F}(t) = \frac{\mathrm{d}F(t)}{\mathrm{d}t} = \int_a^b \frac{\partial f(x,t)}{\partial t}\,\mathrm{d}x.$$

Sind φ und ψ zwei für $c \leq t \leq d$ differenzierbare Funktionen, so ist (unter gewissen Voraussetzungen) das Parameterintegral über f in den Grenzen $\varphi(t)$ und $\psi(t)$ für $c \leq t \leq d$ nach t differenzierbar, und es gilt

$$F(t) = \int\limits_{\varphi(t)}^{\psi(t)} f(x,t)\,\mathrm{d}x \quad \Longrightarrow$$

$$\dot{F}(t) = \int\limits_{\varphi(t)}^{\psi(t)} \frac{\partial f(x,t)}{\partial t}\,\mathrm{d}x + f(\psi(t),t)\cdot\dot{\psi}(t) - f(\varphi(t),t)\cdot\dot{\varphi}(t).$$

4.12 Numerische Berechnung bestimmter Integrale

Um das Integral $I = \int_a^b f(x)\,\mathrm{d}x$ näherungsweise numerisch zu berechnen, wird das Intervall $[a,b]$ in n äquidistante Teilintervalle der Länge $h = \frac{b-a}{n}$ geteilt, wodurch sich die Punkte $a = x_0, x_1, \ldots, x_{n-1}, x_n = b$ ergeben; es gelte $y_i = f(x_i)$.

Sehnen-Trapez-Formel:

$$I \approx \frac{h}{2} \cdot [y_0 + y_n + 2 \cdot (y_1 + y_2 + \ldots + y_{n-1})]$$

Speziell für kleine Intervalle $(n = 1)$:

$$I \approx \frac{h}{2} \cdot [y_0 + y_1] = \frac{b-a}{2} \cdot [f(a) + f(b)]$$

Tangenten-Trapez-Formel: (n gerade)

$$I \approx 2h \cdot [y_1 + y_3 + \ldots + y_{n-1}]$$

Simpson-Regel: (n gerade)

$$I \approx \frac{h}{3} \cdot [y_0 + y_n + 4(y_1 + y_3 + \ldots + y_{n-1})$$
$$+ 2 \cdot (y_2 + y_4 + \ldots + y_{n-2})]$$

Newton-Côtes-Formel:

$$I \approx \sum_{i=0}^{n} w_i y_i \quad \text{mit} \quad w_i = \int_a^b L_i(x)\, \mathrm{d}x,$$

$$L_i(x) = \frac{(x - x_0) \cdots (x - x_{i-1}) \cdot (x - x_{i+1}) \cdots (x - x_n)}{(x_i - x_0) \cdots (x_i - x_{i-1}) \cdot (x_i - x_{i+1}) \cdots (x_i - x_n)}$$

i-tes Lagrange-Polynom

4.13 Doppelintegrale

$I = \iint\limits_{B} f(x, y)\, \mathrm{d}b$ beschreibt das Volumen des „Zylinders" (der Säule) über dem Bereich $B = \{(x, y) \mid a \leq x \leq b,\ y_1(x) \leq y \leq y_2(x)\}$ der (x, y)-Ebene unter der Fläche $z = f(x, y)$; Voraussetzung: $f(x, y) \geq 0$ ($\mathrm{d}b$ – Flächenelement). Für den Spezialfall $y_1(x) = c$, $y_2(x) = d$ ist die Volumenberechnung in Abb. 4.2 dargestellt, wobei $A(x) = \int_c^d f(x, y)\, \mathrm{d}y$ gilt:

Abb. 4.2 Volumenberechnung durch Integration

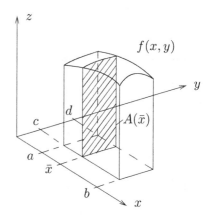

Flächenelemente

kartesische Koordinaten x, y	–	$\mathrm{d}b = \mathrm{d}x\,\mathrm{d}y$
Polarkoordinaten r, φ $(r \geq 0, 0 \leq \varphi < 2\pi)$	–	$\mathrm{d}b = r\,\mathrm{d}r\,\mathrm{d}\varphi$
allgemeine Koordinaten u, v	–	$\mathrm{d}b = \left\| \dfrac{\partial(x,y)}{\partial(u,v)} \right\| \mathrm{d}u\,\mathrm{d}v$

Hierbei ist $\left| \frac{\partial(x,y)}{\partial(u,v)} \right| = \begin{vmatrix} x_u & x_v \\ y_u & y_v \end{vmatrix}$ die *Funktionaldeterminante,* die als ungleich null vorausgesetzt wird.

Berechnung über iterierte Integration

$$I = \int\limits_{a}^{b} \left[\int\limits_{y_1(x)}^{y_2(x)} f(x, y)\,\mathrm{d}y \right] \mathrm{d}x$$

Analog kann I bezüglich des Bereichs $B = \{(x, y) \mid x_1(y) \leq x \leq x_2(y),\ c \leq y \leq d\}$ berechnet werden; dann ändert sich die Integrationsreihenfolge. Ist speziell $B = \{(x, y) \mid a \leq x \leq b, c \leq y \leq d\}$ ein Rechteck, so gilt:

$$I = \int\limits_a^b \int\limits_c^d f(x,y)\,\mathrm{d}y\,\mathrm{d}x = \int\limits_c^d \int\limits_a^b f(x,y)\,\mathrm{d}x\,\mathrm{d}y$$

Koordinatentransformation

Allgemeine Transformation $x = x(u,v),\ y = y(x,v)$:

$$I = \iint\limits_{B^*} f(x(u,v),y(u,v))\,\frac{\partial(x,y)}{\partial(u,v)}\,\mathrm{d}u\,\mathrm{d}v$$

(die Integrationsgrenzen sind gemäß Transformation zu ändern)

Spezialfall Polarkoordinaten $x = r\cos\varphi,\ y = r\sin\varphi$:

$$I = \iint\limits_{B^*} f(r\cos\varphi, r\sin\varphi)\,r\,\mathrm{d}r\,\mathrm{d}\varphi$$

4.14 Dreifache Integrale

$$I = \iiint\limits_K f(x,y,z)\,\mathrm{d}k = \iiint\limits_K f(x,y,z)\,\mathrm{d}x\,\mathrm{d}y\,\mathrm{d}z;$$

$K = \{(x,y,z)\,|\,(x,y)\in B,\ z_1(x,y) \le z \le z_2(x,y)\}$ ist ein Körper im $\mathbb{R}^3$ über dem Bereich $B = \{(x,y)\,|\,a \le x \le b,\ y_1(x) \le y \le y_2(x)\}$ der (x,y)-Ebene; $\mathrm{d}k$ – Volumenelement

Berechnung über iterierte Integration

$$I = \int\limits_a^b \left[\, \int\limits_{y_1(x)}^{y_2(x)} \left(\int\limits_{z_1(x,y)}^{z_2(x,y)} f(x,y,z)\,\mathrm{d}z \right) \mathrm{d}y \,\right] \mathrm{d}x$$

Analog kann I in der Reihenfolge zxy, yzx, yxz, xzy bzw. xyz berechnet werden, wenn der Körper K entsprechend beschrieben ist.

Speziell beschreibt für $f(x,y,z) \equiv 1$ der Wert $I = \iiint\limits_K \mathrm{d}k$ das Volumen des Körpers K.

Koordinatentransformation

Allgemeine Transformation:

$x = x(u, v, w)$, $y = y(x, v, w)$, $z = z(x, y, w)$:

$$I = \iiint\limits_{K^*} g(u, v, w) \frac{\partial(x, y, z)}{\partial(u, v, w)} \, du \, dv \, dw;$$

wobei $g(u, v, w) = f(x(u, v, w), y(u, v, w), z(u, v, w))$ gilt.

$$\frac{\partial(x, y, z)}{\partial(u, v, w)} = \begin{vmatrix} x_u & x_v & x_w \\ y_u & y_v & y_w \\ z_u & z_v & z_w \end{vmatrix} \qquad \begin{array}{l} \text{Funktionaldeterminante} \\ \text{(Voraussetzung: } \neq 0) \end{array}$$

(die Integrationsgrenzen sind gemäß Transformation zu ändern)

Transformation kartesischer Koordinaten in Zylinderkoordinaten:

$x = r \cos \varphi$, $y = r \sin \varphi$, $z = z$ \qquad ($r \geq 0$, $0 \leq \varphi < 2\pi$)

$$I = \iiint\limits_{K^*} f(r \cos \varphi, r \sin \varphi) \, r \, dr \, d\varphi \, dz$$

Transformation kartesischer in Kugelkoordinaten:

$x = r \sin \vartheta \cos \varphi$, $y = r \sin \vartheta \sin \varphi$, $z = r \cos \vartheta$
($r \geq 0$, $-\pi < \varphi \leq \pi$, $0 \leq \vartheta \leq \pi$)

$$I = \iiint\limits_{K^*} g(r, \vartheta, \varphi) \, r^2 \sin \vartheta \, dr \, d\varphi \, dz.$$

Hierbei gilt $g(r, \vartheta, \varphi) = f(r \sin \vartheta \cos \varphi, r \sin \vartheta \sin \varphi, r \cos \vartheta)$

Volumenelemente

kartesische Koordinaten x, y, z	–	$\mathrm{d}k = \mathrm{d}x\,\mathrm{d}y\,\mathrm{d}z$
Zylinderkoordinaten r, φ, z	–	$\mathrm{d}k = r\,\mathrm{d}r\,\mathrm{d}\varphi\,\mathrm{d}z$
Kugelkoordinaten r, ϑ, φ	–	$\mathrm{d}k = r^2 \sin\vartheta\,\mathrm{d}r\,\mathrm{d}\vartheta\,\mathrm{d}\varphi$
allgemeine Koordinaten u, v, w	–	$\mathrm{d}k = \dfrac{\partial(x, y, z)}{\partial(u, v, w)}\mathrm{d}u\,\mathrm{d}v\,\mathrm{d}w$

Spezielles Dreifachintegral bei festen Grenzen

$$\int_a^b \int_c^d \int_e^f f(x) \cdot g(y) \cdot h(z)\,\mathrm{d}x\,\mathrm{d}y\,\mathrm{d}z = \int_a^b f(x)\,\mathrm{d}x \cdot \int_c^d g(y)\,\mathrm{d}y \cdot \int_e^f h(z)\,\mathrm{d}z$$

Differenzialgleichungen (DGL) 5

5.1 Gewöhnliche Differenzialgleichungen n-ter Ordnung

$$F(x, y, y', \ldots, y^{(n)}) = 0 \qquad - \quad \text{implizite Form}$$
$$y^{(n)} = f(x, y, y', \ldots, y^{(n-1)}) \quad - \quad \text{explizite Form}$$

Jede n-mal stetig differenzierbare Funktion $y(x)$, die die obige DGL für alle x, $a \leq x \leq b$, erfüllt, heißt *(spezielle) Lösung* der gewöhnlichen DGL im Intervall $[a, b]$ (möglich: $a = -\infty$, $b = +\infty$). Die Gesamtheit aller Lösungen einer DGL oder eines Systems von Differenzialgleichungen wird als *allgemeine Lösung* bezeichnet.

Sind an einer Stelle (z. B. $x = a$) zusätzliche Bedingungen an die Lösung gestellt, spricht man von einem *Anfangswertproblem*. Sind zusätzliche Bedingungen an den Stellen a und b einzuhalten, so liegt ein *Randwertproblem* vor.

System gewöhnlicher Differenzialgleichungen Für mehrere unbekannte Funktionen sind mehrere Gleichungen gegeben, die deren Ableitungen enthalten.

5.2 Differenzialgleichungen erster Ordnung

$$y' = f(x, y) \qquad \text{bzw.} \qquad P(x, y)\, \mathrm{d}x + Q(x, y)\, \mathrm{d}y = 0$$

© Der/die Autor(en), exklusiv lizenziert durch Springer Fachmedien Wiesbaden GmbH, ein Teil von Springer Nature 2021
B. Luderer, *Formeln und Begriffe der Analysis*, essentials,
https://doi.org/10.1007/978-3-658-33690-5_5

Ordnet man jedem Punkt der x, y-Ebene die durch die Größe $f(x, y)$ gegebene Tangentenrichtung der Lösungskurven zu, so entsteht das *Richtungsfeld*. Die Kurven gleicher Richtungen des Richtungsfeldes sind die *Isoklinen*.

Separierbare Differenzialgleichungen
Besitzt eine Differenzialgleichung die spezielle Form $y' = r(x)s(y)$ bzw. $P(x) + Q(y)y' = 0$ bzw. $P(x)\,dx + Q(y)\,dy = 0$, so kann sie stets mittels *Trennung der Variablen*, d. h. Ersetzen von y' durch $\frac{dy}{dx}$ und Umordnen, in die Form $R(x)\,dx = S(y)\,dy$ gebracht werden. Durch „formales Integrieren" erhält man daraus die allgemeine Lösung:

$$\int R(x)dx = \int S(y)dy \quad \Longrightarrow \quad \varphi(x) = \psi(y) + C.$$

Lineare Differenzialgleichungen erster Ordnung

$$\boxed{y' + a(x)y = r(x)}$$

$r(x) \not\equiv 0$ – inhomogene DGL
$r(x) \equiv 0$ – homogene DGL

Die allgemeine Lösung der inhomogenen DGL ist die Summe aus der allgemeinen Lösung y_h der zugehörigen homogenen DGL und einer speziellen Lösung y_s der inhomogenen DGL:

$$\boxed{y(x) = y_h(x) + y_s(x)}$$

Allgemeine Lösung der homogenen Differenzialgleichung
Die allgemeine Lösung $y_h(x)$ von $y' + a(x)y = 0$ wird durch Trennung der Variablen ermittelt. Das Ergebnis lautet

$$\boxed{y_h(x) = C e^{-\int a(x)\,dx}, \quad C = \text{const}}$$

Spezielle Lösung der inhomogenen Differenzialgleichung
Eine spezielle Lösung $y_s(x)$ von $y' + a(x)y = r(x)$ erhält man nach Lösen der zugehörigen homogenen DGL durch *Variation der Konstanten* in dieser DGL, d. h. vermittels des Ansatzes $y_s(x) = C(x) \cdot e^{-\int a(x)\,dx}$. Für $C(x)$ ergibt sich

$$C(x) = \int r(x) \cdot e^{\int a(x)\,dx}\,dx$$

5.3   Lineare Differenzialgleichungen n-ter Ordnung

$$a_n(x)y^{(n)} + \ldots + a_1(x)y' + a_0(x)y = r(x), \qquad a_n(x) \not\equiv 0$$

Die allgemeine Lösung der inhomogenen DGL ($r(x) \not\equiv 0$) ergibt sich aus der
Summe der allgemeinen Lösung y_h der zugehörigen homogenen DGL ($r(x) \equiv 0$)
und einer speziellen Lösung y_s der inhomogenen DGL:

$$y(x) = y_h(x) + y_s(x)$$

Allgemeine Lösung der homogenen Differenzialgleichung
Sind alle Koeffizientenfunktionen a_k stetig, so existiert ein *Fundamentalsystem* von
n Funktionen $y_1, \ldots, y_n$ derart, dass die allgemeine Lösung $y_h(x)$ der zugehörigen
homogenen DGL folgende Form hat:

$$y_h(x) = C_1 y_1(x) + C_2 y_2(x) + \ldots + C_n y_n(x)$$

Die Funktionen $y_1, \ldots, y_n$ bilden genau dann ein Fundamentalsystem, wenn jede
dieser Funktionen y_k Lösung der homogenen DGL ist und wenn es mindestens ein
$x_0 \in \mathbb{R}$ gibt, für das die *Wronski-Determinante*

$$W(x) = \begin{vmatrix} y_1(x) & y_2(x) & \ldots & y_n(x) \\ y_1'(x) & y_2'(x) & \ldots & y_n'(x) \\ \vdots & \vdots & \ddots & \vdots \\ y_1^{(n-1)}(x) & y_2^{(n-1)}(x) & \ldots & y_n^{(n-1)}(x) \end{vmatrix}$$

ungleich null ist. Sie lassen sich durch das Lösen der folgenden n Anfangswertpro-
bleme gewinnen ($k = 1, \ldots, n$):

$$a_n(x)y_k^{(n)} + \ldots + a_1(x)y_k' + a_0(x)y_k = 0,$$

$$y_k^{(i)}(x_0) = \begin{cases} 0, & i \neq k-1 \\ 1, & i = k-1 \end{cases} \qquad i = 0,1,\ldots,n-1$$

Erniedrigung der Ordnung einer Differenzialgleichung
Kennt man eine spezielle Lösung $\hat{y}$ der homogenen DGL n-ter Ordnung, kann man mittels der Substitution $y(x) = \hat{y}(x)\int z(x)\,dx$ die Ordnung der DGL um eins erniedrigen.

Spezielle Lösung der inhomogenen Differenzialgleichung
Ist $\{y_1,\ldots,y_n\}$ ein Fundamentalsystem, so erhält man über den Ansatz

$$y_s(x) = C_1(x)y_1(x) + \ldots + C_n(x)y_n(x)$$

mittels *Variation der Konstanten* eine spezielle Lösung der inhomogenen DGL, indem man die Ableitungen der Funktionen $C_1,\ldots,C_n$ als Lösungen des linearen Gleichungssystems

$$y_1 C_1' + \quad y_2 C_2' + \ldots + \quad y_n C_n' = 0$$
$$y_1' C_1' + \quad y_2' C_2' + \ldots + \quad y_n' C_n' = 0$$
$$\ldots\ldots\ldots\ldots\ldots\ldots\ldots\ldots\ldots\ldots\ldots\ldots$$
$$y_1^{(n-2)} C_1' + y_2^{(n-2)} C_2' + \ldots + y_n^{(n-2)} C_n' = 0$$
$$y_1^{(n-1)} C_1' + y_2^{(n-1)} C_2' + \ldots + y_n^{(n-1)} C_n' = \frac{r(x)}{a_n(x)}$$

bestimmt; anschließend werden die Funktionen C_i durch Integration berechnet.

Lineare Differenzialgleichungen mit konstanten Koeffizienten

$$a_n y^{(n)} + \ldots + a_1 y' + a_0 = r(x), \qquad a_0,\ldots,a_n \in \mathbb{R}$$

Die allgemeine Lösung der inhomogenen DGL ergibt sich aus der Summe der allgemeinen Lösung der zugehörigen homogenen DGL und einer speziellen Lösung der inhomogenen DGL:

$$y(x) = y_h(x) + y_s(x)$$

Allgemeine Lösung der homogenen Differenzialgleichung
Die Funktionen $y_1, \ldots, y_n$ des Fundamentalsystems werden über den Ansatz
$y = e^{\lambda x}$ bestimmt. Die n Werte $\lambda_1, \ldots, \lambda_n$ seien die Nullstellen des charakteristischen Polynoms, d. h. Lösungen der *charakteristischen Gleichung*

$$a_n \lambda^n + \ldots + a_1 \lambda + a_0 = 0$$

Zu den n Nullstellen λ_k der charakteristischen Gleichung lassen sich die n Funktionen des Fundamentalsystems gemäß folgender Tabelle bestimmen:

Art und Ordnung der Nullstelle	Funktionen des Fundamentalsystems
λ_k reell, einfach	$e^{\lambda_k x}$
λ_k reell, p-fach	$e^{\lambda_k x}, x e^{\lambda_k x}, \ldots, x^{p-1} e^{\lambda_k x}$
$\lambda_k = a \pm bi$ konjugiert komplex, einfach	$e^{ax} \sin bx, e^{ax} \cos bx$
$\lambda_k = a \pm bi$ konjugiert komplex, p-fach	$e^{ax} \sin bx, x e^{ax} \sin bx, \ldots,$ $x^{p-1} e^{ax} \sin bx, e^{ax} \cos bx,$ $x e^{ax} \cos bx, \ldots, x^{p-1} e^{ax} \cos bx$

Die allgemeine Lösung y_h der homogenen DGL ist

$$y_h(x) = C_1 y_1(x) + C_2 y_2(x) + \ldots + C_n y_n(x)$$

Spezielle Lösung der inhomogenen Differenzialgleichung
Besitzt die Inhomogenität r eine einfache Struktur, so kann y_s durch einen Ansatz gemäß nachstehender Tabelle bestimmt werden:

$r(x)$	Ansatz für $y_s(x)$
$A_m x^m + \ldots + A_1 x + A_0$	$b_m x^m + \ldots + b_1 x + b_0$
$A e^{\alpha x}$	$a e^{\alpha x}$
$A \sin \omega x$ oder $B \cos \omega x$ oder $A \sin \omega x + B \cos \omega x$	$a \sin \omega x + b \cos \omega x$
Kombination obiger Funktionen	Kombination der Ansätze

Resonanzfall: Ist ein Summand des Ansatzes Lösung der homogenen DGL, so wird der Ansatz so oft mit x multipliziert, bis kein Summand mehr Lösung der homogenen DGL ist.

Euler'sche Differenzialgleichung
Haben in der allgemeinen linearen DGL n-ter Ordnung die Koeffizientenfunktionen die Gestalt $a_k(x) = a_k x^k$, wobei gilt $a_k \in \mathbb{R}$, $k = 0, 1, \ldots, n$, so erhält man

$$a_n x^n y^{(n)} + \ldots + a_1 x y' + a_0 y = r(x)$$

Die Substitution $x = e^\xi$ führt auf eine lineare DGL mit konstanten Koeffizienten für die Funktion $y(\xi)$. Deren *charakteristische Gleichung* lautet

$$a_n \lambda(\lambda - 1) \cdot \ldots \cdot (\lambda - n + 1) + \ldots + a_2 \lambda(\lambda - 1) + a_1 \lambda + a_0 = 0$$

Was Sie aus diesem *essential* mitnehmen können

- Funktionen dienen zur Beschreibung mathematischer Zusammenhänge oder auch geometrischer Objekte. Sie bilden das Kernstück der Analysis.
- Ableitungen stehen im Zentrum der Differenzialrechnung. Sie dienen der Beschreibung der Eigenschaften von Funktionen.
- Das Finden von Stammfunktionen sowie die Flächen- und Volumenberechnung sind die Hauptinhalte der Integralrechnung (unbestimmte bzw. bestimmte Integration).
- Differenzialgleichungen sind mathematische Gleichungen zur Ermittlung einer gesuchten Funktion, in denen auch Ableitungen dieser Funktion auftreten. Sie sind ein wichtiges Hilfsmittel der mathematischen Modellierung technischer Prozesse und dienen der Beschreibung von Naturgesetzen.
- Nicht alle mathematischen Aufgaben lassen sich auf einfache Weise lösen. So werden beispielsweise zur Nullstellenbestimmung oder zur Berechnung von manchen bestimmten Integralen numerische Lösungsverfahren benötigt.

© Der/die Herausgeber bzw. der/die Autor(en), exklusiv lizenziert durch Springer Fachmedien Wiesbaden GmbH, ein Teil von Springer Nature 2021
B. Luderer, *Formeln und Begriffe der Analysis*, essentials,
https://doi.org/10.1007/978-3-658-33690-5

Literatur

Beckmann S (2020) Aufgabensammlung: Mathematik für Ingenieure, Wirtschaftsingenieure und Wirtschaftsinformatiker. Books on Demand, Norderstedt

Dietmaier C (2017) Mathematik für Wirtschaftsingenieure: Lehr- und Übungsbuch (3. Aufl). Hanser, München

Erven J, Schwägerl D, Horák J (2019) Mathematik für angewandte Wissenschaften: Ein Übungsbuch für Ingenieure und Naturwissenschaftler (3. Aufl). De Gruyter, Berlin

Fried J M (2018) Mathematik für Ingenieure I für Dummies (3. Aufl). Wiley-VCH, Weinheim

Fried J M (2013) Mathematik für Ingenieure II für Dummies. Wiley-VCH, Weinheim

Göllmann L et al. (2017) Mathematik für Ingenieure: Verstehen – Rechnen – Anwenden. Bd. 1. Sorunger Vieweg, Wiesbaden

Koch J, Stämpfle M (2018) Mathematik für das Ingenieurstudium (4. Aufl). Hanser, München

Papula L (2018) Mathematik für Ingenieure und Naturwissenschaftler: Ein Lehr- und Arbeitsbuch, Band 1 (15. Aufl). Springer Vieweg, Wiesbaden

Papula L (2015) Mathematik für Ingenieure und Naturwissenschaftler: Ein Lehr- und Arbeitsbuch, Band 2 (14. Aufl). Springer Vieweg, Wiesbaden

Papula L (2017) Mathematische Formelsammlung: Für Ingenieure und Naturwissenschaftler (12. Aufl). Springer Vieweg, Wiesbaden

Schöning T, Jung D (2018) Mathematik 1 für Ingenieure. StudyHelp, Paderborn

Wendeler J (2016) Vorkurs der Ingenieurmathematik (4. Aufl). Europa-Lehrmittel, Haan-Gruiten

Westermann T (2020) Mathematik für Ingenieure: Ein anwendungsorientiertes Lehrbuch (8. Aufl). Springer, Berlin

Printed in the United States
by Baker & Taylor Publisher Services